おいでよ
ポインティの相談天国

おいでよ　ポインティの相談天国

はじめに

こんにちは〜！　佐伯ポインティです！

「猥談バー」という〝猥談を楽しく話すバー〟を開店するところから活動を始めまして、現在は「waidan TV」というYouTubeチャンネルで動画を投稿している、元気な赤ちゃん体型の独身男性です！

実はwaidan TVには多くの猥談に混じって、人生にまつわる色々なお悩みやコメントがいっぱい来るんです。そもそも色んな人のエピソードを聞くのが大好きで、お悩みも大好きなので、ポッドキャスト番組「佐伯ポインティの生き放題ラジオ！」でお悩み相談を始めたら、こんな本が出来上がりました！

生き放題っていうネーミングは、気付いたらこの世に産み落とされてて、気付いたら人生が始まっちゃってるから、どうせなら飲み放題と同じように「寿命」っていう制限時間は楽しんだほうがいいよね〜！　というところから来てるんだよね。

この本は、お悩みのジャンルごとに章が分かれているので、「今こういう悩みあるんだけど〜！」っていう気持ちに合う章から、自由に読んでみてください！　たまにポインティのコラムも挟まってます。

深夜にラジオを聞いてる時みたいに、クスっとしながらいつの間にかお悩みが軽くなってるといいな！　と思いながら書きました。あなたの生き放題が少し楽しくなるおつまみだと思ってもらえたら嬉しいです！

それでは、どうぞ〜!!

#1 性・自意識

#2 恋愛・結婚

#3 仕事

#4 人間関係・家族

#5 進路・夢

#6 その他

ブックデザイン：**森敬太**（合同会社 飛ぶ教室）
イラスト：**fancomi**
編集協力：**越前与**
ＤＴＰ：**キャップス**
校正：**円水社**

≪註≫
この本はポッドキャスト「佐伯ポインティの生き放題ラジオ！」に寄せられたお悩みを元に制作いたしました。
文意を変えない程度に編集を加えた部分がございます。

#1 性・自意識

【お悩み1】

高校生です。「初体験が高校生の時」って言っている人、結構多いように感じるけど、ほんとにそうなんですかね……？　周りの友達には全然聞けないし、でも自分では想像もできないし、不安です。高校生でそういうことするのもちょっと怖い思いもあるし……。みんな実際どうなの？　助けてポインティ！（あき　15歳女性）

【ポインティの回答】

「初体験しといたほうがいい？」は「積立NISAしといたほうがいい？」に近いよね

これはね、周りの意見が全てになっちゃうんだよね。若い時ってそう見える。「世界ってそうなんじゃないか」ってすごく思えちゃう。**でもそれって、すごく、めちゃくちゃ一部の環境においてだけってことを理解してほしいな〜。**

男子校、女子校でまた全然話違うだろうしさ。高校を卒業したら大学や専門学校、バイト先、就職先と色んな環境があるわけじゃん。そこでの噂の数は変数っていうか、多く感じたり、少なく感じたりするんだよね。

「あき」は高校生でそういうことするの、ちょっと怖い思いもあるって言ってるじゃん。**もうね、その思いをめっちゃくちゃ大事にしたほうがいい！　済ませておくべきこととか、チェックポイントとか、そういうのじゃないからね！**

したい人がするもの！　ね（笑）。少しでも不安ならしないほうがいい。自分がちゃんと安心できる時に、かつ「この人としてみたいな」って思えた時でいい。

ポインティの話なんだけどね。最近ウェブ広告とか友達の話とか、SNSのタイムラインで**「積立NISAってやつがあるらしいぞ！」**みたいなのをすごく見るの（笑）。**そしたら、「えっ、積立NISAってやったほうがいいのかな」っていう気になってくるわけよ。**だってさ、みんなすっごいその話してるじゃん～？「NISAやんないヤツは損」みたいなね。

最初は、「ちょっ、っ、積立NISAって何?!」って思ったけど、別に全然興味はないんだよね（笑）。でも、そんな自分の周りはめっちゃ「NISA万歳！」なわけよ。**それって不安よな～。**

でも思い出して！ NISAのことなんて全然気になってないし、興味もないんだ！ 少しは掻き立てられちゃってたけど……恐ろしい現代社会（笑）。

「あき」はさ、今NISAに興味ないでしょ？ 周りのみんなが「え、高校生ってみんなNISAやるよ？」とか言い出したらさ、どうする？ やばい、やったほうがいいのかなって焦るよね。**でも思い出して！ 元々興味なかったじゃん!!**

だから初体験もNISAも、**本当に心から興味を持った時にしてみて！** ……どうしよう、「あき」がこれでNISAに興味持ったら（笑）。

【お悩み2】

顔面至上主義の社会になってきていることに不安を感じています。整形などが身近になって可愛い人が多くなったことや、容姿について厳しい世の中を見ていると、自分も整形しないといけないような気持ちになってしまいます。ポインティさんのように自分を大切にしてあげるにはどうすれば良いでしょうか。

（まぬるねこ　22歳女性）

【ポインティの回答】

パーツとか配置より、表情筋こそが人を魅力的に見せたりするんだと思う

こういう感覚になる人が増えそうだなって、ポインティ思ってた。

TikTokやインスタ、YouTubeとかで情報がばーって流れていく中で、「この人可愛いな」「こういう顔になりたい！」「こういう人がめっちゃモテるんだ〜」って思えてきて、「**うわあああああ（焦）**」ってなっちゃう。若い人とかめっちゃ感じてるだろうなって思ってた。

でも、果たして、そうかな？　ポインティは問いたい。

なんかYAZAWAみたいになっちゃった。

ここでひとつ、ポインティが「外見容姿」において最も重要視しているポイントについて話すね。ポインティは結構色んな人と会ったり、喋(しゃべ)ったりしてるのね。ときどき取材もするし、猥談バーっていうので接客業もしていたから、人に会ってきた数はかなり多いはずなんだよね。性格的にも交友関係を広くしていくの好きだし。

で、そんなポインティが外見容姿についてどんな見解があるかというと、**顔のパーツとか配置とか、そういう部分の綺麗さや美しさより、「表情筋」が重要なんじゃないかなって思ってる。**

表情筋はその人がこれまでの人生で、どんな感情を抱いてきたのか、どんな表情をしてきたのか、どういうコミュニケーションをとってきたかの蓄積。人生が表情筋に出ると思うんだ。

例えば、すごく演技がうまい役者の人って、**「そういう人生を歩んできた人の表情筋」っぽく振る舞えてるんだと思うんだよね。**大雑把(おおざっぱ)な性格の人物を演じてる時の安藤（あんどう）サクラと、神経質な性格の人物を演じてる時の安藤サクラって、表情が違うと思わない？　**……今これを読んでる人が「うんうんうん」って頷（うなず）いているの、伝わってますよ（笑）。**あとは、ずぼらな時の尾野真千子（おのまちこ）と、すごい怒りっぽい時の尾野真千子ね。全然表情筋違うよね。

多分役者の人って、「この人はどういう人生で、どういう表情、どういう表情筋なのか」っていうのをコントロールしてると思うんだ。だから、本当にそういう人に見えてくるんだよね。でね、何が重要かと言うと、**どういう顔をしてるかっていうのはもう所与のもの、与えられてるものだから、そこをそんなにいじってもしょうがない。むしろ、「どういう表情筋をしていくか？」っていうほうが大事だと思ってる。**

表情筋こそが、人を魅力的に見せたりとかするんだと思うんだよね。

別に否定したいわけじゃないんだけどさ、整形すると表情筋が少しいびつになったりとか、表情筋にちょっと影響が出たりするんだよね。顔のパーツとか、場所によるとは思うんだけど。もちろん整形することでもっと魅力的になったり、自分のコンプレックスが解消されたりとか、あるとは思うんだけど……。

周囲から素敵な人だと思ってもらうことが目的だったら、整形するか、魅力的な表情をするのかって言ったらさ……、みたいな話なわけよ！「まぬるねこ」は不安を感じてるとは思うけど、今後整形してパッケージを変えて、「うわ、まぬるねこ、すげえ顔タイプだわ」って言われて、それで何か関係が発展するってなったとて、**心や感情は整形できないやん。**

だから、自分の外見容姿に惹かれてくれた相手に、その後も「魅力的な人だな～」って引き続いて思ってもらえるかどうかっていうほうが大事なんじゃないかな。

そこで、ビジュアルと中身を繋ぐのが「表情筋」だと思ってる。

だからもう……、いっぱい笑って泣いて、表情筋を鍛えてこ！

自分の感情を大事にしてよ！　それがね、いい顔つきになってきたなとか、いい目をしてるなとか、そういう話になるんだと思うね。

師匠みたいな老人はカラコンの人に、「いい目をしてるね」って言わないじゃん。整形後のダウンタイム終わった人に「うむ、いい顔つきをしている（キリッ）」とは言わないと思う。……まあ、それ言ってんの誰なのって話なんだけど（笑）。

【お悩み3】

体型への執着がやめられません。細いほうがいいとされているこの世代の風潮が苦手なのですが、結局自分も細くなくてはいけないんだと囚われてしまっていて、「本当の自分とは……」という域まで悩んでしまいます。どうしたらありのままの姿を愛せますか？（パンパース　17歳女性）

【ポインティの回答】

もしかして〝2桁の話〟してる？

うん、一応言っとくね。「パンパース」は知らないかもしれないからね。

ポインティね、今体重が110キロ台なの。110キロ台の人に体型の相談してるってことはさ、「お察し」（爆笑）。

細いほうがいいとされてるのかなあ？　アイドルの影響とかもあるよね。最近見たのは、「相席食堂」に出てたIVEのメンバーのひと口が小さくて、「これはもう、体型管理の賜物だ！」って話題になってたね。別にIVEのひと口に110キロの人間が言うことでもないんだけど、**「細くなくてはいけない」ってことはないよね。うん、決してない。色んな体型があるし。**

外見容姿を含めたトータルのルックスとかでお仕事するようなモデルだったら、めちゃくちゃ鍛えて、細くならないといけないのかもしれないけど、もうそれはその人の人生じゃんね。で、みんながそういう風な生き方をしていこうって選択をしているならIVEのひと口も頷けるけど、ポインティも含め、別にみんなIVEじゃないしモデルでもないからさ（笑）。

ルックスを生かした仕事をするなら、わかるよ。「うわ、厳しい世界だな。でも、それを乗り越えてでもしたいことがあるんだな～！」って。けど、そうじゃないわけじゃん。**だったら健康的であればどんな体型でもいいよね～！**……**果たして、ポインティの体型が健康的なのか？ってところはあるけど。**

細いほうがいいってされている風潮、苦手だけど執着しちゃうんだね。そんな「パンパース」に言うなら……**「それって〝2桁の話〟でしょ？」**

ってこと。**3桁に来てから、健康かどうか悩みな〜〜〜？**
2桁の話なんてもう〜〜〜、細かい細かい！　誤差誤差！
ハハハハハ（爆笑）。

2桁の体重でみんな悩んだりさ、議論してるじゃん。**いやいやいや、3桁になって初めて、「痩せたほうがいいかな？」「これ健康に悪いかな？」って思ったほうがいい。**これはなかなか、ポインティにしかできないアドバイスですね（笑）。

でもまあ「パンパース」がね、もし今3桁ならね、「3桁の期間、ちょっと短くしようかな〜」って考えてもいいとは思うね。でも「パンパース」はおそらく2桁。**これは2桁の人の相談（笑）。**天空闘技場のヒソカみたいな感じで言うと、悩むのは3桁のフロアにきてから♥　まだ早い♠

【お悩み４】

私は美容とお金にしか興味がない23歳です。おばさんになって容姿が衰えていくのが怖くて、長生きしたくないと思ってしまいます。35歳ぐらいで死にたいです。ポちゃんの人生の楽しみは何ですか？　何のために自分は生きていると思いますか？　また、老後やりたいことなどありますか？

（ぱせり　23歳女性）

【ポインティの回答】

わかりやすく脳汁が溢(あふ)れるものって、すぐ飽きちゃうんだよね

い〜〜〜い質問ですねえ。入りからすごいね（笑）。「私は美容とお金にしか興味がない23歳です」。**もう「道場破り」みたい。**

「美容と金にしか興味ないんで、ヨロシク。ウス」。ハハハハハ（笑）。

でも、ポインティに人生の楽しみを聞いてるってことは、**「ぱせり」は「なんか違うのかも？」って思ってるってことだよね。「美容と金だけが人生なのか？」と……。**

その疑問、合ってますよ。

ポインティの人生の楽しみは、面白い人や面白い友達と一緒に、自分の人生をずっと面白がれたらな〜っていうことかな。

「何のために生きてるの？」ってなると、ポインティたまに言うけど、**それぞれが個々に生まれてきた意味とかないじゃん。**アリには生まれてきた意味がなくて、人類にはあるなんて、おかしいよね。そんなことない。**等しく地球上に生まれて、そして死んでいく。生きとし生けるもの。パートオブワンじゃんね。**

でも意味ないからといって卑屈にならずに、「ぱせり」もポインティも含めて、**もう生き始めちゃってるし、楽しんでこうよ！　って思ってる。**「じゃあ楽しみって何？」っていうと、それぞれ細分化するんだけど……。**ポインティの一番の楽しみはね、やっぱりね、人間関係。**

みんながお悩みを送ってくれて、それにポインティが答えるのも人間関係だし、仲のいい友達と遊ぶことも、ポインティと仕事を一緒にしてくれる人もそう。「巡り合ってよかったな〜！」とかさ、**そういう奥行きが楽しいんだよね。でね、**

老後はもう思い出し笑いしかしたくない（笑）。

思い出し笑いを老後にいっぱいしたいから、それまでは楽しく過ごしたい。体力あるうちはね。それこそ仕事……って言うのかな、仕事って言うらしいけど（笑）、そういうのをしたりとかね。

わかりやすい報酬とか、わかりやすく脳汁が溢れるものって、すぐ飽きちゃうんだよね。ずっと楽しめるかといったら、難しい。だからね、何かこう、複雑なもの。

人間関係でもゴルフでも華道でもプラモデルでもいいと思うんだけど、「ぱせり」は何か複雑なテーマが欲しいんだと思う。

それこそ35歳で死にたいって言ってるから、今23で、あと10年ぐらいしか「めっちゃ楽しいな〜〜〜〜!」みたいなのが無いのかもしれないよね。**今の「ぱせり」は、耐用年数が短めのものに興味を持ってる。でも、きっと本当は「もうちょっと長く楽しめるものねえかなぁ……」とも思ってるんだよね。**

つまんなく生きるにはさ、80年や100年って長いじゃん。だから人生にテーマを持ちたいよね。「ぱせり」はこれから色んなテーマの「かけら」みたいなのが見えてくると思う。その時、「あれ? 私なんかこれ好きだな」とか「ちょっと複雑だけど面白いな」とか、**何かの機微とか塩梅(あんばい)みたいなものが気になってきたら、これまでの自分じゃないかのように、そこにのめり込んでいくのがいいと思うよ。**

美容やお金がつまんないって言っているわけじゃなくてね。これらはすごくエキサイティングだったり、達成感があったりするとは思うんだけど、そんなに長くは遊べないよね。早めに終わるRPGみたいなもので、今「ぱせり」は遊んでる状態だから。「いや、これいつクリアできんねーん！　クリアできないいんかーい！」みたいなものを探してみてほしい！

ポインティはやっぱり人間愛、人類愛高めだからさ（笑）。猥談とか恋愛だけじゃなく、人が作った物語とか、人が実際に経験してることとか、色んなことが好きだから良かったよ。人生のテーマ、長続きするやつだな〜って思う。

でさ、「ぱせり」も別に超特殊人類なわけじゃないから、絶対に長いテーマも見つかるよ。色んなことやってる人類の先輩ってたくさんいるから！　探してみてね！

【お悩み5】

ポイちゃんこんにちは！　いつも動画楽しんで見させていただいています。これからもポイちゃんのペースで、まったり投稿していってほしいです。

私の悩みは、真面目すぎて冒険することができないことです。誰かに叱られたくない、誰にとってもいい人でありたいと、どうにも冒険することができません。ポイちゃんはいつもどのようなマインドで新しいことに挑戦していますか？

（可愛いとは（哲学）　18歳女性）

【ポインティの回答】

まずは「普段選ばないメニュー」を食べてみて

こ〜れもいい悩みですね！

「可愛いとは（哲学）」におすすめしたいのは、ご飯屋さんに行った時に、今まで食べたことないものとか、飲んだことないものとか、**「普段選ばないメニュー」を頼んでみることだね。**

どう？　意外とこれってすごい冒険で、「あっ、こんな味なんだ」「こうやってできてるんだ」っていう発見に繋がったりする。「意外と美味しいな」「いや、これあんまりだな」って感じられる。そこから、自分はこういうのが好きなんだなって見えてきたりして……。いいよね！　**これこそが冒険の価値だと思うんだよね〜。**

アメリカの大学教授が提唱した「コンフォートゾーン」っていう考え方があってね。自分の居心地がいい領域の中（＝コンフォートゾーン）は、ストレスや不安が少なくてすごく快適だと説明されてて。一方で、そこから出ることはアンコンフォートだから快適ではないんだけど、その分変化や経験値が得られるっていう。

いつも行ってて、「ここは美味しい」ってわかってるお店ってあるよね。マックとかね。いつ来ても絶対に美味しいんだよな〜って思って、毎回マック行っちゃうところで、**「いや、でも待てよ」と。マックの左にある「日高屋」っていうのにちょっと行ってみるか……！　という行動は、「コンフォートゾーン」を出てるわけ。**

マックに行ったらあのセットがあって、あのドリンクがあって、これぐらい美味しいってわかってるから、それは自分にとって快適なんだよね。急にまずくなることもないから、不安も心配も無い。**この仕組みを意識しないと、だんだんと「コンフォートゾーン」の中の選択肢だけを選ぶようになっちゃう。**

でも「可愛いとは（哲学）」は冒険したいわけじゃん。叱られたくない、誰にとってもいい人でありたい、要は人の目が気になるっていう気持ちは、コンフォートゾーンにいたいっていうことに根源的には繋がると思うんだよね。

けど、そのままだと冒険はできないから。いきなり人間関係とか自分がする行動の指針で冒険するの大変だし。急に『花より団子』の牧野(まきの)つくしみたいになるのはむずいわけでしょ～（笑）。「うるせえんだよ！（バンッ）」って。そんなこと急にできないし、まあ無理だよね。

だから、普段は通らない道を通ってみるとか、あまり頼まないメニューを注文し

てみるっていう「ちっちゃい冒険」をしてみてよ。そうすると「コンフォートゾーン」の中のいつもと同じ結果とはさ、**良くも悪くも違う結果にはなるわけよ！**

「私、マックより日高屋のほうが好きだな」とか、あるかもしれないじゃん？　そういうことを積み重ねていくと、「じゃあこのバイト先にしてみようかな～？　でもな～、友達がいるバイト先のほうがいいかな、どうかな。いや～（泣）」って悩んだ時、「そうだ！　あの時注文したじゃん！　激辛ポテトサラダ！　それと同じだ！」みたいな。

「これが、私の人生にとっての激辛ポテトサラダだ！」ってなると思う。**ハハハハ（笑）。**

アンコンフォートなことをさ、していこうね。

ちょっとずつでいいよ。いきなり大胆に行かないほうがいいから、ちょっとずつ。……ホヤとか食べたりね。回転寿司で知らないもん食べてみたり、大将に聞いてみても「うーん、ようわからん！」みたいなものを、「じゃあそれ1つくださ〜い」みたいなことをやってみよ〜。楽しいよ！

ポインティもこういうことをするの好き。まずい飲み物とか、いっぱい飲んだことあるよ（笑）。

【お悩み6】

諦め癖を直したいです。昔から面倒事に発展しそうになると、自分が折れれば場が丸く収まると思い、すぐ諦めて楽な道を選び続けた結果、色んなことをすぐ諦めて逃げるのが癖になってしまいました。やりたいことを完遂している人を見ると、尊敬の念と羨ましさでいっぱいになります。どうやったら物事を最後までやり遂げられる人になれるでしょうか。こんな私をぜひとも笑い飛ばしていただけると嬉しいです。

（エンターキーのホイル焼き　20代女性）

【ポインティの回答】

目指すは「老刑事と新米刑事」

「エンターキーのホイル焼き」は**すごく自分のことをわかってるんだね。**これまでの自分がやってきたことへの後悔をきちんと分析してる姿が見える。考え事が好きなんだろうね。

ポインティは逆に、「なんか始める癖」があるんだよね。

猥談バーやってみようかな！　とか、揚げパン屋やってみようかな！　とかさ。「これって、一体どうなっちゃうの〜〜〜?!」っていう**「物語の第1話」が好きすぎて、その状態になりたすぎるんだよね。**だからこそ「こういう理由で続けられない！」って壁にぶち当たったりもするわけ。そういう時は「終了のお知らせ」って出したりしてるじゃん。でもなんだかんだで、「ポインティ、なんか始めたんだ〜」ってみんなが見てくれたり、「あれ面白かったね」とか「あれやってましたよね！」って声をかけてもらったりする。

始めた後のことに関して、ポインティは結構壁にぶち当たりがちではあるけど、あんまりよく考えずに始めるから、「この癖ってしょうがないもんだなー」みたいな感じだったんだよね。

「エンターキーのホイル焼き」は面倒事に発展しそうになると、自分が折れちゃうのが癖なのであれば、**「面倒事が好きな人」と一緒に取り組んでみればいいんじゃない？**「キタキタキタァッ！　っしゃあ――――ッ面倒事だ！」みたいな人、いるよ。トラブルとか好きな人ね。

病院勤務の友達に聞いたんだけど、看護師さんの中にも、術後の経過を一緒に見て時間をかけて治していくのが好きな人と、「手術、手術ゥ！」って階段駆け上がって、「やばいやばいやばいやばい！　私が間に合わなきゃ！　命が！」ってアドレナリンが出る人もいる。そういう感じでさ、人間って色々とタイプがあるわけよ。そんな人たちがたくさん集まって活動してるから病院が成立するわけじゃん。

面倒事が好きなヤツもいるけど、逆に言うと「エンターキーのホイル焼き」は場を丸く収めたり、「じゃあこっち行ってみようよ！」って向きを変えたりするのは得意なのかもしれないじゃん？

もしかしたらそれって、面倒事が好きな人からすると「しなやかだな～」とか「あんま執着がなくていいな～」みたいに見られてるかもよ。そんな人たちが組み合わさったら**「老刑事と新米刑事のタッグ」**みたいになるね。そういう人を見つけてみよ！　**全部自分でやる必要ないよ！**

【お悩み7】

私は非常に怠惰な人間です。色んな言い訳を使って、やらなければいけないことから逃げてしまいます。逃げてしまった罪悪感で押しつぶされそうです。課題の提出期限を守れない上に、授業もろくに受けられてなくて、すでに4つほど落単が確定しています。なんでこんなに頑張れないんだろう。頑張りたい！　単位だって取りたいし、もっと可愛くなりたい！　お金も欲しい！　頑張るしかない！　この企画が私の人生のターニングポインティだっっっ!!

（怠惰すぎる大学生　19歳女性）

【ポインティの回答】

いっそのこと怠惰を研ぎ澄まし、一球入魂でいこう

大学生と怠惰なんて、「季語」みたいなもんじゃないの？（笑）。

課題の提出期限は守れないし、授業もろくに受けられてない。でも、罪悪感があるんだ。罪悪感あるのがむしろ珍しいよね。**大体こういうことって罪悪感がない人がすることじゃん。**

まあ、罪悪感を減らしていくか、ちゃんとするかの2択だね。でも「怠惰すぎる大学生」は、「なんか頑張れないな〜〜〜。もっと頑張りたいな〜〜〜」って思って

る。**……まあ、頑張るって難しいよね。**

うーん、ポインティはさ、結構、比較的……さ、「頑張ってない側」の人間なんだよね……。でも「猥談の動画撮る」「毎週ラジオ出す」とか、そういう「やりたいな！　楽しいな！」みたいなことはできるんだよね。だから「怠惰すぎる大学生」は**「ほんとはやりたくないいな〜」とか「正直嫌々やってんな〜」っていうことが多いんじゃない？**

頑張るコスト、頑張るゲージをすぐ使っちゃうからすぐ疲れちゃう、みたいな。ゲームでダッシュボタンを押してるとそのうちゲージが赤くなって、キャラが「ハアッ……ハアッ……」ってなって、「もう走れません！」ってなるじゃん。あれと同じ。

「怠惰すぎる大学生」のゲージも赤になっちゃってんじゃない？

なので、百発百中を目指そうとせずに、一球入魂。この授業さえ単位を取れるように研ぎ澄ます。逆を言うと、この授業以外は捨てたっていい……。**もう怠惰をね、研ぎ澄ませたほうがいい。**罪悪感があっても「いや、今研ぎ澄ましてんだ」と言い聞かせていこ、自分に。

「今、刀使ってないな、戦行(いくさ)ってないな～」じゃない。「怠惰すぎる大学生」は今、刀、研いでるのよ。**武士って刀を研いでる間も武士なわけじゃん。**それと同じこと。

……ポインティもこうやって認識を変えていって、今のようになったんだな～。

自分の認識っていじれるからね。試してみて！

【お悩み8】

真面目が取り柄で生きてきたけど、真面目すぎて病んじゃいました。自分を自分たらしめていたものが逆効果だった。ポインティさんは自分の軸、自信が全てなくなった経験ありますか？　あれば立ち直った経緯を教えてください。

（NeNe　26歳女性）

【ポインティの回答】

真面目はいいことだよ。今度はそこに適当さも足してみよう

高校生の頃、ポインティは小説に燃えていました。「面白い小説書くんだっ！」「デビューしてやる！」って打ち込んでいたけど……、まあうまくいかなかったよね〜。で、「あ〜あ」って時に自分の小説を冷静に読んでみたの。その結果、やっぱり出来がいまいちだなって思ったんだよね。**これは珍しく、ポインティの人生の中で、数少ない反省のうちのひとつなんだけど……。**

「NeNe」は真面目が取り柄で生きてきたわけじゃん。でも、真面目すぎて病んじゃったってことは「じゃあ、真面目すぎないほうがいいんじゃないかな……」って思っちゃうよね。**それこそ真面目だから、0か100かで考えちゃう。**「金髪の

坊主にして、色んなところにピアス開けて、海外のカジノでオールインしちゃおうかな?!」みたいな（笑）。でも、急に不真面目をやると怪我をするので。**だからもうちょっと身近なところでチューニングしていこうよ！**

ポインティはその後、小説を書くのはやめたけど「この本面白いな〜！」「この作家さんの個性すごいな！　売れる！」っていう見る目はあるはずって思ったから、「じゃあ編集者になろう！」って考えたわけ。

こんな感じで「NeNe」も**自分の中のここは残して、ここは変えてみようっていうことをしてみたほうがいいかも。**

真面目なのはいいことだよ！　**全然悪いことじゃないし逆効果でもない。でも、全部の自信を無くしちゃうのはやりすぎだから。**

というわけで「NeNe」のために決めました！

「1週間のうち、5日間は真面目、2日間は適当」もしくは「6日真面目、1日適当」みたいな感じで、適当に過ごすレッスンをしてみるのはどう？　それで**いい塩梅に「適当」と「真面目」を混ぜて、しなやかにしていこう。**

カチカチの氷は、軽いダメージ入るとバキーン！って一気に割れちゃうけど、水分と氷が混ざってると、ひびが入ったとしてもそこまでダメージが広がらないよね。今の「ＮｅＮｅ」はカッチコチの氷だから。バァキ――――ン！って全部砕け散っちゃう。**みぞれかき氷……、みぞれを目指してくださいね。**

かき氷ってさ、氷なのにいい感じにシャクシャクしてて、言ってしまえばしなやかじゃん？　水ともまた違う状態だし。だから「ＮｅＮｅ」は真面目と適当の研究をしてみてください。それが宿題です。……こう言うと、真面目にできそうだからいいよね？（笑）

多分「ＮｅＮｅ」は、真面目に言われた通りにすると思うけど、適当にやってみて、**「適当」を研究するんだよ〜！**

【コラム】

遅刻の技術

遅刻、してますか？

ポインティは普段から、かなりの頻度で遅刻しちゃってます。

遅刻が次の遅刻を呼び、「遅刻のドミノ」がどんどん倒れていって人生全体が遅刻している感じ。なんなら、このコラムの締め切りも現在進行形で破っちゃってます。ガチですね。

だからポインティは、もう遅刻はしてしまうものとして割り切っています。そして、遅刻しないようにする努力じゃなくて、遅刻した後どうするのかっていう「ミスを責めるんじゃなくて仕組みを変えよう」みたいなことを自らしてるんだよね。今回はそれを書いていくので、もしあなたが遅刻してしまった時には思い出してほしいです。そうしたらこれまでのポインティの遅刻も報われるから！

遅刻してしまったら、やらないといけないことが3つあります。

1つ目は、謝ること。

遅刻の何がいけないかといったら、相手と約束して決めた時間をオーバーすることで、自分と会うまでに相手が他のことに使えていたはずの時間が消え、本来相手が自分と過ごすはずだった時間が無駄に過ぎていき、相手の時間をただただ奪っている感じになっているところ。「感じになっている」と書いてるのは、実際には時間はお互いに平等に流れていて、何者にも奪えない素敵なものだから。でもこれは遅刻するヤツが言うことじゃないね。ちなみに、相手の遅刻に対して何も感じない人っていうのもいる。まあポインティなんだけど。

遅刻中の相手を待っている間のポインティは、「Kindleで読みたい漫画あったな〜！」とか「本持ってきてた〜！　読めちゃう！　ラッキー！」って感じ。もうこれって「待ってる」に該当しないんだよね。あとは友達の家とか自分以外にも他のメンバーがいる場合は、そこにはまた別の時間が流れてるからTHE遅刻って感じでもなくなるよね。こういう場合は「先に始めててください！」でオッケー。

2つ目は、決してあなたを軽んじているわけではない、と伝えること。

遅刻が引き起こす最悪なことの1つは、相手に「ポインティは私の時間（＝人生）を軽んじているのでは？」と感じさせてしまうこと。これが非常にリスキー。

色々なことが積み重なって遅刻してしまったのに、相手が「自分は遅刻してもいい人だと思われてるのかな？」「自分は軽んじられているのかな？」と感じてしまうかもしれないのです。絶対にそんなことないのに！

なので、仕事で初めて会う場合や、紹介してもらった人と会う場合など、相手の中でポインティの印象がまだ固まってない時は、まずそこをリカバーせねばなりません。もちろんそれは会ってからの雰囲気で伝わる部分もあるんだけど、もっとしっかり、言葉にして伝えたいよね。

そんな時に使える、ポインティが相手に伝えたい一心で生み出した魔法の言葉があるんだよね。

「気持ちは早く合流したいのに身体が追いつきません！」です！

これはかなり正確に気持ちを伝えてるよね。遅刻したくてしてるわけじゃないのに、遅刻してしまった……！　っていう遅刻道中にて、相手になんて言えばいいんだろう、と頭をひねった結果実際に出てきた言葉だから。遅刻してる時って、いつもより早く脳とか身体が動くよね？

こうすると相手の中には「早く合流したいと思ってくれてるんだな〜、でも身体が追いつかなかったんだ〜」という安心感が生まれる可能性がある。心ここにあらず、は相手に失礼だけど、身体ここにあらず、はしょうがない感じするよね?! しかも「追いつきません!」と言うことによって、焦ってる感というか『踊る大捜査線THE MOVIE2 レインボーブリッジを封鎖せよ!』の「レインボーブリッジ、封鎖できませぇん!」みたいな、したいのにできない! 畜生!っていうニュアンスも入ってくるからね。

そして最後の3つ目は、現状や到着時間を相手に伝えること。

当たり前でしょ、と思うかもしれないけど、ポインティは遅刻ビギナーだった時、これができなかったんだよね。「ちゃんと向かってる?」とか「え、実際今どこにいるの?」「あと何分過ごせばいいの?」っていう相手の不安感を解消しないといけない。遅刻した側はね!

でもここにも大事なポイントがあって、それは時間の伝え方。
これは、本当は言いたくないぐらいの高等テクニックなんだけど、せっかく本を買ってくれてるから書くね……。

ずばり、「あと○○分で○○駅に着きます！」っていう伝え方をする。

たとえば14時に新宿で待ち合わせていて、最寄り駅から電車に乗ったのが14時だとします。もう遅刻していますね。電車の所要時間が約30分、待ち合わせ場所のカフェが新宿駅から徒歩約10分。とは言え新宿駅は大きいので、目指す出口に行くまでに迷います。そうすると、実際の待ち合わせ場所に着くのは大体14時50分。

そのことを14時の段階で相手に伝えると、「ほぼ1時間の遅刻じゃん！」ってなっちゃう。そうじゃなくて、「遅刻します～！」ってこまめに連絡をとりながら、

14時17分ぐらいになった時正確に「あと13分で新宿駅に着きます！」って言う。

ほら……、なんか早く着く感じがしてこない……？


これはね、四捨五入の考え方を導入しているんだよね。

しかも連絡は常時とり続けてるから、なんかこう、刻一刻と合流に近づいていってる感じがしてくるよね……!?


で、駅からの道は早歩きで行く。

こうすると、1時間の遅刻が1時間の遅刻じゃなくなるんだよね〜！（？）


ちなみに、よく仕事で会う人とか友達にはこういう遅刻テクニックはバレてる。

使いすぎもよくないっていうのだけ、覚えておいてね。……と、この原稿を書いてたら遅刻が確定しました。終わったァッ！

#2

恋愛・結婚

【お悩み９】

私はお笑い担当で、男子に女の子として見てもらえないのが悩みです。彼氏どころか、いい感じになったことすらありません。自分を抑えて恋愛をするしかないのでしょうか？（ポ大好き！ででめ　16歳女性）

【ポインティの回答】

やってる競技が違うのかも

これはね〜〜〜、「SCHOOL OF LOCK!」っていうラジオ番組でメインパーソナリティをやってた、お笑い芸人のマンボウやしろさんの本にいいことが書いてあった。『ブサイク解放宣言』っていう本。昔の本のタイトルって感じだよね。

この本によると、人間はざっくりと3タイプに分けられるんだって。

①男らしさを重視する人と、②女らしさを重視する人と、③人間らしさを重視する人の3タイプ。

例えば、①は男性のスポーツ選手とかで、②はグラビアアイドルとか女性のタレントっぽいイメージだね。で、③が芸人とかアーティストの人。実際に当てはめて考えると、「EXILEは①だよね」っていう感じ。わかる〜？

で、さらには「世の中は、①は②と恋愛する。②は①と恋愛する。③は③同士で恋愛するもんだ」って書いてあったわけ。これも、なんとなく言わんとすることはわかるよね。ニュースで男性の野球選手と女性のアナウンサーが結婚しました、って報道されていると、「たしかにこれは①と②だわ」って思っちゃうから。

マンボウやしろさんによると、**①と②の人は自分を高めていこうとするんだって。よりいい男に、いい女にって。で、③の人は同じ③の人を探して、「おれたち、③同士やんな〜！」ってなるのが重要だと。**で、もしかしたら「ポ大好き！ででめ」は①の人たちに、自分のことを②の人として見てもらいたいと思っているかもしれない。

「ポ大好き！ででめ」の笑いをさ、めっちゃウケてくれる人がいるとするじゃない。けれど、その人はもしかしたら、①の人じゃなくて③の人なのかもしれないよね。

①は面白さというより、②の人のような女性らしさを求めていて、逆に②は①の人に男性らしさを求めるっていう仕組みの話だから。**なんかもはや、「ポ大好き！でで**め」**のやってる競技が違う**のかもしれないよね。

これっておそらくみんなも、「自分は3タイプのうちのどれだろう〜」って考えると思うんだよね。でも、この法則に完璧に当てはまることもないし、「①が疲れたから③になりました」とか、「③の女性だけど③より①の男性が好きです」って変化していくケースもあるんじゃないかな。でもこうやって、**ざっくりと指標があるとちょっとだけ考えやすくなったりするんだよね。**世界は決めつけられるものじゃないからね（笑）。

だから、**別に自分を抑えて恋愛するしかないってことはないのよ。**③の人を見つけて、似た者同士楽しく愉快にいっちゃいなよ！

【お悩み10】

彼氏がアイドル好きなのが許せません。私以外を可愛いと思うのが許せないです。どうしたらいいですか？（なのちゃん　23歳女性）

【ポインティの回答】

「可愛い以外の魅力や自信」をつけること

い～～～い質問ですねえ！　彼氏がアイドル好きなのが許せないんだ……。「なのちゃん」は**彼氏のことめっちゃ好きやん**（笑）。「私以外のこと可愛いと思って……何もう（怒）」「私以外可愛いと思わないでよ！」っってね。**好きじゃないと出てきませんな～～!!**

ごめんごめん、普段の動画みたいになっちゃった（笑）。そうだね……、例えばInstagramとかTikTokとかで、自分の彼氏がちょっと露出度高い子やすごく可愛い子をフォローしてたり見てたりしていることに対して、嫌だなって思う気持ちってあるじゃん。**これは何かって言うと、自分がその人に取って代わられちゃうんじ**

ゃないかっていう不安なんだよね。

「もしかしたら自分って、自分より可愛い人が出てきたら彼氏に振られちゃう存在なのかな……」っていう根源的な不安だと思うんだ。だから許せないんだよね。外敵というか「これやばいぞ……こういうやつが来たらやばい」ってことを予感させる出来事だよね。

彼氏が「アイドルはええな〜〜〜可愛いな〜〜〜」って言ってたら「え、じゃあアイドルみたいな友達できたらどうしよう！」とか、「アイドルみたいな子が彼氏のバイト先で一緒に働いてたらどうしよう！」って思っちゃう不安。

この不安はどうやったら打破できるかといえば、これは明白。自分に**「可愛い以外の魅力、自信をつけること」**だね。とても難しい話だけど、**これができないと一生不安だと思う。**でも、「なのちゃん」は23歳でまだまだ全然時間あるから「自分に何かもう1つないかな？」って探してみたらどうかな？

「なのちゃん」は何か1つだけでも**「これが相手に刺さってるんだな」**とか、**「これがあるから自分は相手に好かれてるんだな」っていう根拠**が欲しいと思うんだよ。で、根拠を作るのって難しいし、人それぞれ方法は違うんだけれど、1つアドバイスするとしたら、**弱みを克服するよりも強みを伸ばすことが大事。**これはもう全部の事象に対して言えるから！

「何が彼氏に刺さりそうか」よりも「何が伸ばせそうか」で考えよう。今の時点でも、ビジュアル以外で彼氏に刺さってる部分っていっぱいあると思うの。その刺さっている部分を伸ばしていって、「なのちゃん以外と付き合ってる自分、想像できひんわ」って彼氏に言われるまで爪を研いでください。そうして初めて、「あー、このアイドル？　可愛いよね」って余裕で言えます（笑）。

【お悩み11】

シングルマザーで仕事に子育てに忙しいはずなのに、恋愛のチャンスを探してしまう。「恋愛せずに落ち着きたい」と「寂しい」の狭間で、いつもしんどい。

（なな　33歳女性）

【ポインティの回答】

人間は多面体。恋愛をしたいあなたも本当の自分なんだよ

しんどいんだ……。なるほどなあ。

シングルマザーで、仕事も子育ても頑張ってて、33歳。で、恋愛のチャンスを探しちゃうんだ。恋愛のチャンスを探すってどんな感じなんだろ？　「なんか趣味合いますね！」とか「あ、このＤＶＤ貸します？」みたいな感じ？　なんかあるんだろうねぇ、身の周りに恋愛のチャンスが。

多分「なな」が、仕事と子育てで自分の時間がないからさ、**「お母さんになんないとな～」っていう自分と、恋愛している時の自分がせめぎ合っているんだろうね。**

小説家の平野啓一郎（ひらのけいいちろう）さんが書いた『私とは何か』という本があるんだけど、平野さんは「分人主義（ぶんじんしゅぎ）」っていう考え方をこの本で書いてるのね。

どういうことかっていうと、例えば、実家の親に見せる顔、大親友に見せる顔、恋人に見せる顔、職場に見せる顔……これらの顔ってさ、それぞれちょっとモードが違うよね。**「このどれが本当の自分なの？」っていう議論に対して、「いや、**

それはどれも全部自分だよ」と。

つまり、人間っていうのは多面体で、どれか1つが本当の自分ってことはなく、その集合体が自分なんだ、っていうことなの。そこには、個人が分割されて、それぞれ分人があるんだって。「分人」はシチュエーションや相手によって、一人の人間から色々引き出されるんだよっていう考え方なんだよね。

この考え方でいうと「**なな**」**の中で、**「**お母さん**」**っていう分人と**「**仕事する人**」**の分人の割合が多くなりすぎちゃってるんじゃないかな。**だから今は、割合が小さくなっちゃってる「恋愛分人」が、「いや〜〜〜ちょっと、恋したいな〜〜〜」ってなってるんだよ！

分人主義では、自分が「この分人でいると楽しいな、この分人の自分好きだな」って思える分人を増やしていくことが幸せなんだと説いてるわけ。

分人の比率とか種類っていうのは個人によるんだよね。で、「なな」には「恋愛分人」がある。「**私はもう33歳でお母さんなんだから、恋愛なんかせずに落ち着かないと！**」**って言い聞かせる分人と、**「**ええっ、でも恋したあ〜〜〜いっ！**」**っていう、**「**あやや**」**みたいな分人**がいるんだねえ。

「なな」の中にはさ、つんく♂の曲みたいな分人がいるわけなの（笑）。ということはつまり、**めっちゃホリデーが必要なわけよ。「イエエ～～イ！　めえ～～～っちゃホ～～～～リディ♪」**。ハハハハハ（笑）。

恋の気分を味わいたいからっていう理由で、「なな」が自分のお母さんとかに子どもを預けたっていいわけじゃん。「シングルマザーなのに！」っていう自分の中の声が反響してくるとは思うんだけど、**「なな」が幸せに生きていくことってすごい大事じゃんね。**

子どもが育った時に「なな」が、「いや～、あの時は恋愛したかったなあ」って言ったら、「えっ！　お母さん、私のせいで恋愛できなかったの？　えーっ！」みたいな感じになったらどうする？「全然いいんだよ～！　私、お母さん好きだし！」みたいに言われたらさ……。「え！　恋愛しとけばよかったかも！」って思うじゃん。

子どもも子どもでさ、自分のせいで親が自身の人生を楽しく生きられてないなんて、きっと嫌なはずだよ。まあ、そこは塩梅なんだけどね。でも、ちょっと飲みに行きたいから、ちょっとだけ子どもを預けるとかは全然してもいいと思うのよね。

「めっちゃホリディ♪」しちゃいな〜〜〜っ！

【お悩み12】

付き合って2年の彼氏と性交したくなくなりましたが、彼に言えず悩んでいます。私生活でも性欲自体が全く湧かなくなり、性的な行為に嫌悪感を持つようになりました。しかし、性交をなくしたらもはや恋人を続けられない気がして、どう伝えるべきか悩んでいます。付き合いの長いカップルならよくあると聞きますが、性交をなくす方向でうまくいく方法などあるのでしょうか。

（ミーン！　24歳女性）

【ポインティの回答】

したくないことは「したくない!」って言おうよ

なんでそもそも、**「性交をなくしたらもはや恋人を続けられない気がして……」**って思うんだろ。「ミーン!」はしたくないけど、向こうからは求められてるような状況かな。で、なんか性交が関係を繋ぎ止めてるなーって感じがするのかなあ。でも「ミーン!」は嫌悪感すら持ってるし、**これは「限界」が来てるね……。**

性欲が湧かなくなって、嫌悪感すら持つようになったってことは、当初は性欲があったし、嫌悪感はなかったんだよね。でも彼と2年間、彼がどういう風にしたりとか、どういうタイミングでしたくなったりするのかはわかんないけど、だんだんと気持ちが削れていったんだね。

削れていったけど、ずっとエロいことしてるわけじゃないし、普段一緒に過ごす分には2年間の積み重ねもあるから……って感じか。悩みどころだよね。付き合いの長いカップルならよくある話だとは聞くけど、それは「だんだんお互いの中でそういう行為がなくなっていった」とか「当初はお互いガンガンだったけど、今は2人とも落ち着いた」みたいな内容が多いよね。

一方「ミーン！」はもう嫌悪感まで持っちゃってるから、**マジで嫌なんだよ。**でも別れたくないしなって感じで、ちょっと我慢して身を捧げちゃってるわけ。それをずっと続けるのは無理よ。ただ「ミーン！」が辛いと思う。**だってさ、したくない時は「したくない！」って言っていいような関係性のほうがさ、長続きすると思わない……？**

「したくないんだね、そっか。じゃあマリオパーティでもしようか！」みたいな感じのほうが健全じゃん。**「ミーン！」は今、自分がちょっと不健康な状態にあると思ったほうがいいかも。**不健全というか、機能不全が起きてる。

例えば「ミーン！」には、誰かと付き合っても2年経つとしたくなくなるっていう「ミーン！の2年法則」があるとするじゃん。そうすると、2年経った後も一緒にいたいなって思える人は「あ、したくないからやめとこうよ」って言いやすい人、言ったら理解してくれる人ってことだよね。セックスを断ったら不機嫌になる……、そんな相手と長くやっていけるか〜？（笑）

……そんなの絶対に嫌でしょ！今はどう伝えるべきか悩んでると思うんだけど、**なるべくオブラートには包まずに「したくない！」って伝えて、ちゃんと理由も言ったほうがいい。**だってもう、「ミーン！」は嫌悪感を持つまでには削られてるから。「これ言ったら傷つくかもな」ってことも、もう正直に言っちゃおう。

ちゃんと伝えた結果、恋人同士を続けられなくなるなら、それはとても悲しいかもしれない。一時的にはね。でも「ミーン！」は別れた後に、必ずこのラジオを聞き直して思い出してほしい。

自分の気持ちを伝えたことで関係に終わりが来ても、「いや、良かったな」って思えるよ、きっと。「あの時の自分、めっちゃ削られてたわ。危なかったっすわ……（泣）」って言うと思う。だから、**彼のご機嫌とかに振り回されないようにね。**

今24歳で、その人とは2年付き合ってるんでしょ？　ということは、「ミーン！」の24年間の人生のうちの、2年を一緒に過ごしたわけ。けど、まだここからの人生長いからね？

誰かと恋愛したり付き合ったりするのって、いつもより楽しくなったり、穏やか

になったりしてさ、何かしらの上昇を期待するわけじゃん。だけど、今の「ミーン！」は下降しちゃってるから！　あんまり削られないようにしましょうね。

【お悩み13】

年下のインフルエンサーの男性を好きになっちゃいました。彼は彼女持ちを公言しているし、全く同じ世界の人じゃないから巡り合うこともないだろうに、ガチ恋しちゃって悲しいです。彼女がいても毎日SNSに投稿される写真を見に来てしまう。この気持ちにどう向き合って、どう立ち直ったらいいのかわからないです。届かない人に恋するなんて無意味なのに。わかってるのに、魅力に惹かれてしまって苦しいです。（やんやん　30歳女性）

【ポインティの回答】

一番苦しくて楽しい「恋」のど真ん中にいます

……それが恋やんなあ！「やんやん」はもうすでに恋愛の醍醐味を**味わってるのよ！**

韓国のアイドル好きの友達がこんなことを言ってたよ。

「**付き合えるなんて思ってないし、何にもならないってわかってるのに、身も心も財産も投じてしまう。**この間にも自分はどんどん歳を取っていって、周りの友達も結婚していく。**こんなことしていても何の意味もないのに、なぜか推してしまう！**」

「なるほど〜〜」って思ったよね。**それこそがライフ。人生なんてなんの意味もないのに、なーんか楽しい（笑）。**

やっぱり「無意味だってわかってる、でも……！」っていう時に人は熱狂するんだよね。逆に、万人にとって正しいとか、万人にとって得するものにはあんまり「熱狂」ってなくて。「いやいや、こんなの無意味なのに……。なぜ狂ってしまってるんだ、私はァッ！」ていうね。**それこそが熱狂なんだね（笑）。**

「やんやん」の文章からは、それがビンビンに伝わってくる。悲しかったよね。彼女がいることも公言していて、同じ世界の人でもない。「もう苦しい！」って。**でもそれ、存分に楽しんでんのよ。そんなの最高でしょ！**

恋してるのとしてないのとでは、日々の感情とかお酒の美味しさとかが変わってくるよ。「やんやん」がインフルエンサーの男性のことを想って飲む酒は美味しいと思うよ？「苦しい……ッ」って言いながら（笑）。これは「酸いも甘いも」の

「酸い」のほうだね。

しかも「やんやん」は、相手に彼女がいても毎日投稿される写真を「見に来てしまう」って、すごいよね。彼のＳＮＳを見すぎてるから、**もう自分のホーム画面みたいな気持ちになってて「見に来てしまう」って言ってるしね。本来なら「見に行ってしまう」なのに（笑）。**

そんな人に巡り合えた幸運を大事にして、心を燃焼し続けな。

後から振り返って「いや、私バカだったなぁ……」と思うかもしれないけれど、その後には**「いや、でも、楽しかったな……」で確定！**

「やんやん」はそんなにも夢中になれる楽しいものに巡り合えてるじゃん。良かったね！

【お悩み14】

今まではっきりと「付き合った」と言えるような、彼氏という存在がいたことがありません。いざ会ってみると好感触なのですが、よくいるカップルのようなデートをしたことがなく、会うことはあっても、行き先は大体ホテルや個室でした。自分は好きでも、相手は自分のことが好きか嫌いなのかもわからず、はっきりしないまま連絡頻度も減って、結局自然消滅してしまいます。どうしたら都合のいい関係にならず、うまく恋愛できるようになると思いますか？（まぁむ　21歳女性）

【ポインティの回答】

恋人候補は、アプリではなく案外身近なところに……

おお〜〜〜〜〜、これもいい質問ですね。「まぁむ」はおそらく、「いざ会ってみると」って言ってるから、多分マッチングアプリを通して会ってるんだよね。で、アプリから会うと大体ホテルとか個室に……。「まぁむ」、見る目ないかも〜〜！

ハハハハハ（笑）。

難しい問いだけど、「まぁむ」は**多分、受け身なんだと思うんだよね。**会う時の主導権もそうだし、相手が自分のことを好きかわからない状態とか、連絡頻度も減って自然消滅しちゃう感じとか……。**受け身であり相手を見る目がないってなると、**

……詰むよね。でも詰むのはやだよね。これは由々しき

問題だ。

でも「まぁむ」は、高望みしてるわけじゃなさそう。よくいるカップルのようなデートがしたいし、はっきりと「付き合った！」って言えるような彼氏が欲しいだけ。でもアプリから会うと、ホテルや個室に行っちゃう。**……それならもう、アプリから会うのやめましょう！**「まぁむ」にはまだ見抜くのは無理よ。それを**見抜ける目を養うのも無理。だからもう、見抜こうとするのをやめましょう。**

別に付き合わなくてもいいから、友達に紹介してもらうとか、バイト先の人と飲みに行ってみるとか、もうちょっと身近なとこから始めようね。

今は**どう見分けるか、どう気を引くかっていう、難しいチェスの大会**みたいなものに「まぁむ」は急に出ることになっちゃってる。そうじゃなくて、まずは友達とか身近な人と練習がてらチェスを指したほうがいいかもよ。

「まぁむ」は全国津々浦々から集まってきた猛者だらけのチェス大会に急に出ちゃってるよ！　猛者だらけのチェス大会で、「これもう、思ったようにできない！」「相手のペースだ（泣）！」みたいなことになっても、**身近なところで場数踏んでたらさ、「思い出せまぁむ！　チェス部の活動を！」って立ち直れるんだよ……！**

でも「まぁむ」はチェス部の活動をしてないから、まずはチェス部に入るところからというか……。もうこれ、たとえのたとえになっちゃってるんだけど（笑）。

まずは身近なところで聞いてみよ！「身近にいないよ！」ってなるかもしれないけど、そしたら**実際に出会える場に行ってみる！**

ポインティの動画でも「意外と出会いがあった場所」とか紹介してるから。そういう動画を見たりとかしてみて！　アプリから人を選ぶのだけはやめましょう！

【お悩み15】

同性の友達が恋愛感情として好きで、絶対に叶わない恋なんだけど、何をしていいかわかんなくて毎日辛い。きっぱり諦めるべきか、希望を持ってちょっとずつアプローチすべき？（みじんこ　16歳女性）

【ポインティの回答】

長期戦に持ち込んでみよう

なるほどね〜〜〜。同性の友達が恋愛感情として好きなんだ。でも、絶対に叶わない恋なんだね、「みじんこ」的には。**毎日辛いならめっちゃ好きなんだろうね……。**

ポインティの友達にレズビアンの人がいるの。その人は、それまで女性と交際したことのない人とばっかり付き合ってるんだよね。それって珍しいよね！　その人の**新しいセクシュアリティの1歩目**というかさ、**「女性と付き合ってみようかな」って思ってもらえたってことじゃん。**相手の人はこれまでそんなこと考えたこともなかったのにね。

で、ポインティは「どうしてそんな風になれるの？」ってその子に聞いたの。そしたら、「私は『彼氏に疲れちゃったよ』とか、『ずっと男の人とうまくいってないんだよね』みたいな女の人がいたら、最初は相談に乗っていって、その後に**『でも、私のほうが幸せにしてあげられるよ！』**って言うんだ」って。そうすると相手の子も、**「いや、そうだな……!?」**みたいな感じになるんだって。

「みじんこ」は16歳だし、その子に対して〝いいな〟と思った感情があるならさ、もしかしたら、まだまだわかんないよ。同性同士が付き合うことって、事例として世の中にいっぱいあるわけだし。

で、ポインティの友達のその子は**「ただし、付き合うまでがめちゃくちゃ長い」**って言ってた。好きになってから成就するまですごく長かったりするけど、「もう最後は熱く口説く（くど）からいける！」って。**もしかしたら長期戦になるかもだけど、とにかく長〜く友達でいる、とかがいいかもね。**

だから「みじんこ」も、毎日何していいかわかんないぐらい好きすぎて辛いなら、その友達が「いや、ちょっともう、男の人マジなんなん（泣）」みたいになる時まで待つ。で、「そういえば『みじんこ』、ずっと一緒にいてくれたな……」ってなって、**「こ、この友達がトゥルーラブや〜〜ん！」**ってなるまで待ったっていいよね（笑）。

とは言えね、別に待たなくてもいいんだよ。途中で「いや、そこまで好きじゃないわ」ってなるかもしれないし。でも**「5年後とかに成就するかもしれないな」みたいなことは考えていてもいいかもね。**もちろん、その間ずっと恋焦がれてなくてもいいんだけど。

「もう絶対叶わない恋かな」って思っちゃうこともあるかもしれないけど、「いや、100％無理だわ」って思う必要はない。**セクシュアリティって最初から決められているものではないし、一生変わらないものでもないしね。**

【お悩み16】

私は、自分を好きになってくれる人のことは好きになれないのですが、その好意は欲しいと思ってしまいます。なので、思わせぶりな態度をとってしまいます。その上、好きになった人には好かれず、都合のいい関係になりそうでも離れられません。こんなことをしていて自業自得なのですが、好きという気持ちがわからなくなってしまいました。好きってなんですか？（なるなるは　25歳女性）

【ポインティの回答】

「もっと私を見て！」」、その気持ちこそが「好き」ってことよ

なんかこのお悩みの最後、すごく良い質問になったね〜〜〜。

恋と愛の違い、みたいなのはよく言われるし、色んな人が議論してると思うんだけど……。そういうのをまとめて、ざっくりと抽象的に分けるなら、**恋は「自分だけを見てほしい。その代わり私もあなたのことだけを見ます」っていうほうのモチベーション。**で、**愛は「一方的に対象を見たい、愛(め)でて見守りたい」っていう感じだね。**

もう少し詳しく言うと、恋は「先輩に、私だけを好きになってほしいな～！」「先輩が、私のことを彼女にしてくれたら嬉しーっ！」みたいな気持ち。**相手から『もう君だけだよ』って言ってほしい！」っていうモチベーション。**

愛のほうは、自分の子どもとかペットのことを考えてみるとわかりやすい。そういう対象のことは、その一挙手一投足を追うじゃない？　子どもとかペット相手だと、本人と意思疎通できなかったりするからこそ、お母さんとかお父さんとか、飼い主の人はめちゃくちゃ細かく見てると思うの。「エケチェン、何が欲しいのかな～？」「いま何をやってあげたら喜ぶかな～？」とか知りたいから、ものすごく観察してる。**だから愛は、そういう視線を与えること、観察みたいな感じなんだよね。**

で、「なるなるは」は、自分が相手をどう思っているかは別として、相手には自分を見てほしいと。とにかく見てほしいから、思わせぶりな態度をとるんだね。

「見て見て～～～？　どう？　まあでも、私が振り向くかはわかんないけどねっ！」

っていう感じ？（笑）

そういう感じだから、「なるなるは」のことを好きになった人は、「もっと見たいな～見たいな～～～！　いやでも、あんまこっち見てくんねえな……！」って気持ちになっちゃう。そして「でもまあ、たまに見てくれるしな……！」って。**もう、お互いの視線があっちゃこっちゃ（笑）。**

方でさ、**めっちゃ好きな「推し」がいる人って、なんとなく幸せそうじゃん。**それは多分、**推しを見ることだけに徹底しているから、どっしりとしてるんだよね。**視線があっちゃこっちゃしてない。どこへ遠征しようが、何をしようが、**「ウチはこの目で推しを見続けるんや……」**っていうね。

推しを見るのは一方的なんだけど、それが双方向でずーっと「なーんかお互い、見合ってんね～～～」ってしていると、**その見つめ合う行為が経年変化で愛になっ**

たりするんだよね。最初は「お互いがただ一方的に、相手のことだけを見ていた」んだけど、次第に観察し合う仲になっていく。そんな人たちって、傍目から見ていてもなんとなく楽しそうじゃん。

「好きってなんですか」っていう問いで言うと、**それはやっぱり「この人に見られたい！」っていう思いのこと**なんだよ。だから「なるなるは」は、「こう見られたい！」っていう気持ちももちろんあると思うんだけど、**本当に大事なのは「誰を見るか、見たい人を見ようよ」っていうことだよ。**

「この人に見てほしい、こっち見てほしい」って気持ちは、愛とはちょっと違う。愛はさ、一人で勝手にできるけど、恋って一人じゃできないからね。恋してると、苦しくなったり、うまくいかなかったりすることもたくさんあるじゃん！

だからきっと、「なるなるは」は今、恋したり、自分を見てほしかったりするなかで、**いわゆる中間管理職的な視線の板挟み**になっているんじゃないかな。「自分を見てほしい」気持ちと、「誰かのことを愛でるように見たい」という気持ちが同時にあって、その2つに挟まれちゃってる。社長とか新卒だったら自分の役割ってわかるけど、中間管理職ってどっちにもいい顔をしないといけないから、「わけわからん！」みたいな感じだよね（笑）。

そうなると、自分は見てほしいのか、誰かを見つめたいのか、どういう人に見られたいのか、どういう人を見たいのかが、だんだんこんがらがってくる。でも、**この「わからなさ」を経て、だんだんとわかるようになったりもする**から、ね！

色んな恋、色んな愛、してみてください！

【お悩み17】

私は今、大好きな推しがいます。推しのために色々なところに行ったり、グッズを買ったりして幸せです。ですが、周りを見るとみんなマッチングアプリをしたり、年上の友達の中には婚約をしたりしている子もいます。将来結婚して子どもが欲しいと漠然と思っているのですが、今は推し活が楽しくて恋愛は考えられません。いつから恋愛に目を向けたら良いのでしょうか？

（ささのは　23歳女性）

【ポインティの回答】

よそ見しない！　全力で今の幸せを続けちゃったらいいじゃん！

なるほどね〜〜〜。**でもさ、「ささのは」は今幸せなんでしょ？　そしたらその幸せを続けちゃったらいいじゃん！　なんで手にした幸せをわざわざ動かそうとしてんの？　全力で走りなよ！　よそ見すんな！（笑）**

人間は何とかして幸せになりたい生き物じゃん。けど「ささのは」は「推し活」という形で「何とかして」を見つけているわけよ。大好きな推しがいて、色んなとこに行って、グッズ買って……。それが「ささのは」にとっての幸せだよね。だからもう**「この幸せをどうやったら維持できるか」を考えな。**

元も子もないことを言うけど……結婚して子どもがいてもさ、幸せかどうかはわかんないよ？　結婚して子どもがいても不幸せな人はいるし。

だからさ、自分の幸せに出会えたならいいじゃん！「ささのは」の**今の推しが、この先どれくらい活動してくれるかわかんないしさ、推せる時に推しておかないと。**

それに、もし「ささのは」が推したい人を見つけやすいタイプだったら、もうずーっと推し活をしたらいいよ。

ポインティの友達に韓国のアイドルを追っかけてる子がいてね。その子がある時、推し活の師匠みたいな高齢のお姉さまに出会ったんだって。

そのお姉さまはマイケル・ジャクソンとか、テイラー・スウィフトとか、ジョングクとか、とにかくスターが大好きで、そういう人たちをずっと追っかけてる人。家はグッズだらけで、「どうやったらラスベガスのショーに行けるか教えたげるわ！」みたいな感じなんだって。

もうそれは、**「推し活女王」**だよね。

推し活女王が若い世代に伝道してるわけよ、推すことの楽しさを。ポインティの友達は、インターネットで女王と出会ったたって言ってた。そういう人たちの話ってすごく楽しそうじゃん。だからさ、**これも幸せの形のひとつなんじゃない？　ね、楽しそうに見えてきた？**「ささのは」も自分が持っている幸せを大事にしてみて！

【お悩み18】

おはようございます。こんにちは。こんばんは。付き合って1年の彼と遠距離なんですけど、あんまり寂しくないです。でも、好きだなー、健康でいてほしいなーとは思っています。友達にこのことを話したら、「好きだったら寂しくなるでしょ」と言われました。私の「好き」は小さいのでしょうか？

ポが笑顔でいると私まで嬉しいです。これからも動画楽しみに待ってるぜ！（柴犬　18歳女性）

【ポインティの回答】

「好き」に大小もなくない？

「柴犬」は多分、**世にも珍しい「遠距離ができる人」**なんだと思う。

世の中には「遠距離寂しいよね、難しいよね」って人のほうが多いじゃん。すごいよね。「付き合って1年の彼と遠距離なんですけど、あんまり寂しくないです」なんて、あんま聞いたことないからさ。なんなら彼も「柴犬」のほうをちゃんと向いててくれてるのかな？　だって、彼の何かに対する不満や相談じゃないもんね。

「好き」が小さいというよりは、ただ本当に穏やかなんだと思うよ。遠距離恋愛が向いてるんだと思う。しかも彼に対して「好きだな、健康でいてほしいな」って思うわけでしょ。すごい愛情深いよね。相手の幸せを願ってる感じで。

「柴犬」は、自分が本当に稀(まれ)なタイプなんだなって自覚してもいいと思う。**「他の人の当たり前」に流されすぎずにさ、「私は遠距離恋愛が向いてるタイプなんだよね」っていう姿勢でいよう！**「遠距離恋愛について聞きたいことあったらさ、私に聞いて？」みたいな感じで行こ！

恋愛には燃えるような「好き」もあれば、大海原(おおうなばら)のような「好き」もあるから。大きい、小さいじゃないと思うよ。むしろ、ポケモンのタイプみたいなもので、「好き」にも〝●●属性〟みたいなものがありそうだよね。**それでいうと「柴犬」の「好き」は、空(そら)属性とか大海原属性なんだよ。**

そんな自分の「好き」の属性をさ、彼氏に言ってあげなよ。「周りの人にはこう言われたんだけど、私としてはただ、好きだなー、健康でいてほしいなーって思ってて……。だから、私の『好き』は大海原属性なんだよねえ」って。

遠距離がうまくいってるならお相手も大海原属性か空属性だろうから、「いや、そうだよね〜」ってなるかもよ。

「ま、今日は同じ空でも見ますか〜〜〜」みたいな(笑)。

それ、めっちゃいいじゃん!

【お悩み19】

ポインティ！　彼氏できるとお金かかりすぎないか!?　遠距離彼氏ができて半年。お互い実家だから会いに行くための交通費やホテル代にお金を使ったり、家のキッチンは使えないから毎回外食したり、デートでお金を使ったり。私は元々、結構計画的に貯金する派だったのに、貯金どころか貯金を切り崩してるよ！　破産しそう!!　クレカ払えない!!　みんなお金のやりくりってどうしてるの？　今更「お金厳しい」なんて言い出せない！（ぷぽんた　20歳女性）

【ポインティの回答】

怪しいロマンス詐欺に引っかかってません？

なあるほど！　お互い実家で、かつ遠距離恋愛なんだね。

お金……、そんなに無い状況なの？「破産しそう、クレカ払えない」って相当使ってるよね。しかもデート行ったりとか、会いに行ったりとかしてるからバイトをたくさん入れるとかもできないよね。**シンプルにさ、今のやり方が身の丈に合ってないんじゃない……？**

でも、なんで「お金厳しい」って言い出せないんだろう。２人で「もうそんなにお金無いね」って話したらいいじゃん？　あと、もう二十歳なんだし、実家に遊びに行ったらいいんじゃない？　遠距離だしさ！　彼氏には「実は彼女できたんだ」って家族に言ってもらって。実家に泊まりに行くなら交通費だけになるよ。親には言い出しづらい部分もあるかもだけど、どっかで節約しないと「ぷぽんた」は、会いたいのに会えなくなっちゃうよ。

「破産しそう」もやばいよね。え、そんなに使ってるの？

……もしかして、「ぷぽんた」が向こうの分を奢（おご）りすぎちゃったり、払いすぎちゃったりとかしてない？　あとは、「ぷぽんた」だけが向こうに会いに行きすぎてたりとかはないの？　**もしそれだとしたらさ、パワーバランス怪しくない……？**

貯金も切り崩してるんだもんね。二十歳の貯金か。新幹線とか結構乗ってるのかな、多分そうなんだよね。でもそれってさ、もっと踏み込んで言うと**「何のための貯金なのか」っていう話**でもあるよね。将来のための貯金を切り崩してたらダメだけど、「ぷぽんた」の貯金は**会いたい人のために使うお金**なんじゃない？

……いや、クレカ払えないって言ってるからやばいのか！　じゃあやっぱり使いすぎだよ！　もっと具体的に話を聞いたら、「え、奢りすぎじゃない？」「それってヒモじゃない？」みたいな感じの空気になりそう（笑）。

恋愛相談のよくあるパターンの中に、あんまり「ぷぽんた」みたいな話ってないよね。だからなんかちょっと違和感が……。多分、この話聞いてる人も「え、大丈夫？」って違和感を覚える人が多そう。**使ってるお金の内訳とか、お互いのお金の使い方とか、これちょっと要チェックですね。……ロマンス詐欺、とかじゃないよね？**　これ、巧妙にロマンス詐欺が隠された叙述トリックだったらやべえな。**ハハハハハ！（笑）**

でも、破産しそうなのは不健康だからね。ちゃんと見直したほうがいい。**普通に全然伝えていい内容だよ。「お金厳しいよ」とか「ちょっと無理かも」って。**

【お悩み20】

ポインティさんこんにちは！　いつも動画を楽しく、ときどき、性の勉強として拝見しております。恋愛の相談です。私には彼氏がいます。ほとんど週に1回会う中で、スキンシップについてもお互いに十分な頻度なのですが、私自身が彼氏の友達に男女構わず嫉妬してしまいます。彼氏が友達の話をしたり、友達と出かけたりするのが寂しいです。話してくれるのは嬉しいのに嫉妬してしまいます。どうすれば嫉妬を軽くできるでしょうか。

（えみこ　23歳女性）

【ポインティの回答】

彼氏以外で自分が楽しめる時間を探さないとね

嫉妬という花は、暇という土壌に咲きます。暇という大地の栄養素を吸って咲くのです――。

「えみこ」はさ、考えすぎちゃうんだよ。「今彼氏は何してんだろう～」「うわ、彼氏出かけちゃった、私一人じゃん」「彼氏の友達はいいな～彼氏と会えて」って。でも、**それを考えてる時間こそが「えみこ」を蝕(むしば)んでる。**このまま行くと、「嫉妬深すぎるって！」って彼氏に呆れられちゃうよ～！

彼氏は、自分はこんなに誠実に「えみこ」と付き合ってるのに、勝手に嫉妬されて、怒られたり、不機嫌になられたり、塞ぎ込まれたりしたら「もうやってらんないよ!」ってなっちゃうから。……それ、悲しいよね? 嫉妬っていうのは色んなケースがあるけど、おそらく今回は「えみこ」の中に課題がある。なぜか嫉妬しちゃうんだもん。しかも「男女構わず」って書いてあるもんね。「あー、また男友達と会ってる……」って、おかしいよ(笑)。

………!

「えみこ」さん、もしかしたら、**彼より友達少ないんじゃないんですか……?**

そうであれば「えみこ」は、**一緒に時間を過ごしてくれる人や、スポーツとか読書とか、一人でも時間を過ごせるものを見つけたほうがいいと思う。**読書だったら、その本を書いた作者と友達になるって感じだよ。生身の友達じゃなくてもいい。一緒に時間を過ごしてくれるものと友達になろ。

サッカー漫画の『キャプテン翼』でも、主人公が「ボールは友達!」って言ってるよね。まあ、その友達をボコボコに蹴ってんだけどさ（笑）。でもね、そういう感じで友達を作っていこう。バイトでもいいかもしれないね。仕事っていう作業もいい友達だ。

本当の友達でもいいし、架空の友達でもいい。

「えみこ」は、**彼氏以外で自分が楽しめる時間を探さないと、本当に大事な彼氏との時間をどんどん失っていっちゃうかもしれないからね。**

とは言え、「えみこ」は自分で自分の問題をわかってるんだと思う。「これは絶対やばいんだ」っていうのを。「もう止められないんです!」っていうだけだよね。

気づけているから大丈夫だよ。解決策はあるからね。

【お悩み21】

彼女の推し活が止まらなくて、どうしても片思いみたいな感覚に陥ってしまうことが増えてきました。結婚を考えていて、来年には同棲する予定ですが、本気度が伝わってこなくて切なくなってしまう時が多くなってきました。どうしたらいいでしょうか。

（ぶーやん　24歳男性）

【ポインティの回答】

「切なくなっちゃってます！」と思い切りぶつけてみては？

彼女が推しに夢中なんだ。そりゃ**「同棲する予定なのに、どれくらい本気なの？」ってなっちゃうよね。**この場合、「ぶーやん」ができることって少ない。本来であれば、痛い目を見るのは彼女のほうだからね（笑）。**推しを推しすぎて本当に大事にしてくれていた彼氏を失ってしまった！**って。

だからこれ、彼女側が相談すべき内容なんだよね……。

とは言え「ぶーやん」は、「ちょっと推し活抑えてよ」みたいなことは彼女に言えるわけじゃん。でもそうは言ってないってことは、推しがいて楽しくしてる彼女のことも「いいな」って思ってるわけよね。

……でも さ〜！「ぶーやん」は**自分が大事にされてないって感じた時、「結婚できないわ」って思っちゃっていいんだよ！** それだけ切なくなってるんだからね！

だって逆で考えると、「夫がずーっとキャバ嬢に熱を上げていて、毎晩キャバクラに行ってます。シャンパンとかもたくさん入れてるみたいで、結婚生活への本気度が伝わってきません」って相談だったら、「子どもがいなかったら離婚も視野に入れたほうがいい」ってなるじゃん。「ぶーやん」の相談は、その手前の話なんだよ。

世の中には、推しはいないけど好きな人と2人で幸せに暮らしたいって思ってる人たちだっているじゃん。そこと「ぶーやん」は相性ピッタリなのに、今はそこからあふれちゃってると言えるよね。そこに「ぶーやん」が行き届いていない。

で、そういう点ではちょっと違うタイプの彼女とお付き合いしてきたけど、「ぶーやん」はもう切なくなっちゃったんだよね。推しと現実の恋愛が別だってわかってはいるけど、さすがにもう、**彼女が自分に向けるときめきと推しへのときめきが**

違いすぎることがわかっちゃったから。

「ぶーやん」は彼女に、**「俺、切なくなっちゃってるよ」**って伝えていいと思う。

そこで彼女が「……！　そうだった！」って思い直して、「これまで一緒に過ごしてきたのに、なんで『ぶーやん』のことを大事にしなかったんだ！」って思える人なら一緒にやっていけると思うし。そうじゃなかったら、「ぶーやん」にも自分の人生があることを思い出して。「この子のことはすごい好きだったけど、**やっぱり韓国のアイドル事務所ってすごいな〜**」「日本のカップルひと組を不幸にさせましたよ」って思いながら、離れるのを検討してもいいかもね。

なんでこういう結論になるかというと、ポインティの友達で韓国のアイドルを推しすぎて別れたカップルがいたの。**韓国の芸能もプロで本気だから、恋も壊れちゃうよね。向こうが本気出しすぎてるね。**困る〜〜〜（笑）。

【お悩み22】

彼氏と付き合って約2年。マンネリし始めて恋心のようなものはなくなってきた。でも人としてはものすごく好きで、相性が良くて、この人と結婚できたら絶対に幸せになれると思う。だけど私はまだ二十歳で、結婚はまだまだ先の話。これからも続く長い交際期間を、恋心なしでやっていけるのか心配。他の人とも恋愛してみたい! ポイさんならどうしますか?（たい焼きは白あん派　20歳女性）

【ポインティの回答】

「飽きちゃった」は、言っちゃダメだよ

「飽きた」って理由ではなかなか別れづらいよね。そんなのさ、見たことないもんね。ドラマとか漫画でも「やばい、ちょっと飽きたわ。別れる」みたいなシーンないもん！　**つまりは、これってあんまりやっちゃいけないとされてるんですよ。**

とは言え、実際に飽きちゃって別れる時、世間の人々はどうしているのか。

「他に好きな人ができた」って言ってるのよね〜〜〜。**これは無意識でもあるんだけど、飽きたから違う人がいいな〜って思いやすくなって、その結果天秤が揺れて、**

「ごめん、他に好きな人できた。別れよ」ってなるわけですよ

……。

でも、「たい焼きは白あん派」は**途中で気づいちゃったんだね。「なんか、他の人とも恋愛してみてえな」って。**「ここからずっとこの人と付き合うのか……でもまだ私二十歳だしな……」「でもそれを相手に言うのって、どうなんだろう」って悩んでるんだと思う。

「人としては好きだし、相性もいいしな……うううううぅぅぅうん……」みたいな感じだよね。

そんな「たい焼きは白あん派」におすすめなのは、この2フレーズ。**「他に好きな人ができた」と「ごめん、別れよう」です。**さっきも言った通り、世の中の「恋人に飽きちゃった人」がよく使ってるやつね。

「ごめん、ちょっとなんか飽きてきて。私たち、なんかマンネリしてるよね」みたいなことは絶対言わないほうがいい（笑）。まあ、送ってくれた文章にある**「他の人とも恋愛してみたい」ってのが、最後に絞り出てきた本音だとは思うけどね。**でも恋愛に、「もう付き合い切ったな！」っていう**卒業みたいな制度はないからさ。**

とは言え、「他に好きな人できた。ごめん、別れよう」って言った時にさ……、盛り上がるかもしんないじゃん？「いや、待ってよ!?」みたいな。そしたら**「オ〜〜〜!? アツい展開来たか!?」**ってなるかもしれない。休載してた連載が、急に再開するかもしんないじゃん。……**ずっと休んでるけど、突然再開が発表されがちな『HUNTER×HUNTER』みたいにさ。ハハハハハ（笑）。**

【お悩み23】

本人は認めませんが、私の彼はいわゆるニオイフェチみたいです。汗かいた後のワキやお尻、終いにはおならのニオイを嗅ぎたいと言われてびっくりしました。加えて、私は生まれつき嗅覚が鈍く、臭いというものがほとんどわかりません。確実に臭いとわかっているのに、「くせえーっ！」ってニコニコしながら嗅がれています。香水をつけると「えぇ～……」って言われます。いい香りのほうがいいはずなのに、臭いほうが嬉しいなんてことはあるのですか？（Lカップ　24歳女性）

【ポインティの回答】

人間由来のニオイは、臭いけど、なんだか、あたたかい

「Lカップ」は生まれつき嗅覚が鈍いっていうのが、まず他の人と違うポイントだと思うんだけど、それは少し置いといて説明するね。

例えば、爪を切ってる時。爪の間に白いカスみたいなのが溜まってて、それを嗅ぐとはのかに……薄めたゲロみたいなニオイがしたりとか……。汗かいた後のTシャツが、時間が経つと臭ってくるとか……。**そういうニオイってね、臭いんだよ。もちろん臭いんだけど、嗅いじゃうんだよね……（笑）。**

家の中でいうと、排水溝とか食べ物が腐ったニオイは嗅げないわけ。でも、**人か**

ら出たニオイって人間由来、ひいては自分由来のニオイだからね……。臭いけど、なんだか「「「あたたかい」」」のよ……（爆笑）。

なんか、**いつかどこかで嗅いだことあるニオイ**というか……。**自分を構成してる細胞たちが出したようなニオイ**で、臭いは臭いんだけど、「柔らかい」んだよね……（笑）。別にニオイフェチじゃなくてもね、「自分のニオイ、嗅いじゃうな〜」みたいなことはあるのよ。

ポインティはもうおじさんだからさ、1日の後半になると耳の裏のニオイとか、なんだか……ちょっぴり……臭いな？……みたいな時があるのよね。まあ、1日の最後は大体そうなんだけど（笑）。

皮脂なのかなあ、わかんないけど。汚れ溜まってんな〜〜、洗わないとな〜〜って感じで、嗅ぐ！ チェック！ そんで、「クサッ」ってなる。その「クサッ」

っていうのは、「やめてよ〜〜（笑）」とか「もう〜〜〜やだあ〜〜〜〜〜」みたいな感じじよ。ほんとにマジで「クサッ」て吐き捨てるようなニオイじゃなくて、**大きな犬が絡んできて、ワンワンワンワンワン！ってのしかかってきて、「暑い暑い暑い暑い（嬉）」の時の感じ。**わかってもらえそう？

でも「Lカップ」は嗅覚が鈍いから、そんなに感じないいんだよね。**彼は「臭い、臭い！」って言ってるけど、その実「もう1回！」って言ってんのよ！**だからね、責められたり、貶（おとし）められたりしてるわけじゃない。**「最高だぜ」っていうこと。**

友達にも聞いてみるといいよ。「自分の臭いニオイ、嗅いじゃう時ある？」って。答えてくれそうな友達、いるでしょ？「ピアスの穴から出るカスのニオイ嗅いじゃう」ってヤツ、絶対いるから（笑）。そういう人の話聞けばわかると思うよ。

【コラム】

ポインティ、恋のお話

「顔がタイプじゃない」って初めて言われたのは、小学6年生の時だった。

そこから中学生になるまで、好きだった1人の子に5回ぐらい告白した。5回目にもなると、もはや緊張感とかはなくて「えっ、ちなみになんでダメなの?」って聞けるようになっちゃってた。そしたら同級生だったその子に、「ごめん、正直顔がタイプじゃない……。もっとかっこいい人がいい……」って言われて。

ポインティ、超びっくり。だってその頃のポインティは、自分の顔を「キムタク」だと思ってたんだよね。

多分、ひいおばあちゃん、おばあちゃん3姉妹、母親姉妹たちにチヤホヤされてて、ポインティの一挙手一投足で沸かせてきたから、自分はすんごいかっこいいんだ！　って思い込んでたんだ。

「顔がタイプじゃない」って言われた日の夜、お風呂の鏡で自分の顔をしっかり見てみたら、そこに映っていたのはキムタクではなかったよね。目がパッチリしてないのか、鼻が高くないのか、とにかく全体的にキムタクじゃなかった。で、「そりゃ自分がキムタクだと思って告白してるのに、実際にはキムタクじゃなかったら振られるわ！」って納得しちゃったんだよね。

でも、中学生になりかけてるポインティはすっごい冴えていた！「おそらく外見の好みだけで相手を選ぶのは若い時だけで、だんだん性格とかフィーリングとかを重視する年齢がくるはずだ！　その時代が来るまで中身を磨こう……」って思ったんだよね。12歳にしては、結構イイ線いってるよね!?

同じ年頃の友達が髪にワックスをつけたり、腰パンして髪にワックスをつけたり、学校指定じゃないカバン（ワックスが入ってる）を持って髪にワックスをつけたりするのに必死になってる頃。ポインティはTSUTAYAでDVDをレンタルしまくって、名作映画を1日1本観たり、図書館に通って毎日色んな本を読んだりしてた。中身を磨こう！　って思って、その先にあるのが映画と本っていうところがだいぶ安直なんだけど、ここでものすごい量を浴びたのが意外とその後の人生で活きてるなと思う。

そうして、感謝の正拳突きをするネテロ（『HUNTER×HUNTER』に登場するキャラクター、「アイザック＝ネテロ」）みたいに中身を磨いて、6年が過ぎた頃――。

大学生になったポインティは、サークルの先輩のことを好きになった。警戒心が強くて、でものびのびとしてて、静かな猫みたいな先輩だった。

最初は、いつも友達と騒がしくしてるポインティに対して、静かな先輩はムッとしてたんだけど、お互い本が好きっていうのでだんだん仲良くなっていった。でも先輩にはサークル公認！って感じの仲良い彼氏がいたから、ただの先輩・後輩として過ごしてたんだよね。

そんなある日、先輩から急に「今からお茶できる？」って連絡が来た。

ちょうど近くにいたから合流すると、心なしか、落ち込んだ感じでコーヒーを飲んでる先輩がいた。それとなく理由を聞いたら、「ちょっと前に彼氏に振られたんだけど、サークルの人には誰にも言えてない。なんならその元彼をネトストしちゃってて、もう新しい彼女のアカウントまで突き止めちゃった……」って教えてくれたんだ。

ちょっとずつ、小声で喋るクールキャラで知られていたその先輩に、そんなねっとりした一面があるなんて知らなかった。そんなギャップにやられたポインティは、先輩のことが好きになっちゃったんだよね。

そこからは先輩を励ましつつ相談に乗ったり、夜に長電話したりLINEしたり、他の先輩たちと一緒に遊んだりしてたんだけど……。元気になったかと思えば、突然寂しそうになったりする先輩がアンニュイで、どんどん好きになっていっちゃった。寂しそうに笑うってやつ！　そんな先輩を陰ながら想う後輩……、なんか恋の物語が盛り上がってきてるのわかる？（笑）

これ、いい展開なのでは……!?　と思いつつ、ポインティは映画とか本を大量にインストールしてたから、「これ、いつまでも先輩と後輩の距離のまま関係を続けちゃダメなパターンのやつだな!?」って思って、思い切って「デートに行ってください」って誘ったんだよね。そしたら先輩は、「デートか……。どうしてもデートじゃないとだめ?」って聞いてきて。望み薄な感じだけど、デートがいいです!
ってお願いして、何とかこぎつけたんだよね。

デート当日。
曇った天気の江の島で、野良猫を可愛がる先輩。……むちゃくちゃデートだ。
雨が降ってきて、相合い傘しながら走った。……むちゃくちゃデートだ!!

遠出して普段より楽しそうにしてる先輩と雨宿りした後、駅に向かう。
二人ともだんだんと口数が少なくなってくる。今日ここで告白しないと、ずっと
先輩と後輩のままだと思って、ポインティは人のいない駅のホームで告白した。
「先輩は今は寂しいかもしれないけど、それを忘れさせるぐらい楽しいデートしま
す。これからも先輩をずっとずっと楽しませる自信あります。だから付き合ってく
ださい」

そしたら先輩は「一緒にいたら幸せになれるってわかってるんだけどね。まだ元彼が忘れられないんだ。ごめんね」って、そのまま電車に乗っていっちゃった。

江ノ島駅のホームで思ったよ。

おいおい人生うまくいかねえな〜!!(笑)

え〜〜〜、絶対いい感じの展開だったじゃん!? 寂しげな先輩とそれを励ます後輩の距離、どんどん縮まってましたやん!? 雨でも楽しめた江の島デートが、「人生にも雨は降るけど、一緒にいる人によってはそれも楽しめる」みたいな暗喩にもなってたのに!?

……で、フルスイングで告白して振られた爽やかな気分の後、1人で乗った電車の中で、ポインティは冷静になって思い出した。

そういえば先輩の元彼、瀬戸康史みたいな顔してたな……。
サークルで随一の甘いマスクだったな……。
先輩も「本当かっこいいんだよね……」ってとろける感じで言ってたな……。

やばい、そこを全然考慮してなかった。なんならポインティは、後輩役の時の瀬戸康史みたいなテンションでいっちゃってた。その日のお風呂でまた自分の顔をしっかり見てみたら、全然瀬戸康史じゃなかったよ。
もう！　ポインティはキムタクでも瀬戸康史でもないじゃん!!

でも小学生の頃に顔面を理由に振られたのとは違って、「一緒にいたら幸せになれそう」とは思ってもらえたんだよね……。先輩も、多分ちょっとは揺らいでたし、それって大進歩じゃん!?　と思った。小学生のポインティが「外見ではなく中身を磨き、時機を待つ……」って気づいた時点から、ポインティは幸せに生きるのが得意なのかも、とすら思ったよ。

多分、自分の人生を楽しむ術が身についたのは、映画とか本とか、そういう物語のおかげだと思う。色んな物語を通して色んなキャラクターや感情に触れたし、楽しい話はもちろん、悲しい話には悲しい話の良さがあって、どん底に思える物語にも救いがあったりする。

人生は物語みたいに上手くはいかないけど、物語みたいに人生を楽しむことはできる。観客の自分を楽しませるのは、いつだって主演の自分！　みたいな考え方に、気付いたらなってた。

今回は、一番盛り上がってる時に先輩に告白できたわけだし、先輩への恋心が始まってから終わるまでずっと楽しかったし、その楽しんでる感じをきっと先輩も感じてくれていた。だから、「一緒にいたら幸せになれると思う」って言ってくれたんだと思う。それだけで、十分いい思い出だ。

それに色んな映画で観たじゃないか。
主役って、イケメン俳優や可愛い女優だけがやるものじゃない——。
そう思って、お風呂場の鏡を見て笑った。
そこに映っているのはキムタクでも瀬戸康史でもないけど、味のあるいい笑顔だった。

#3

仕事

【お悩み24】

社会人2年目です。仕事の中でやりたいことがたくさんあります。だけど、色々な仕事が降ってきて、自分の仕事が全然できません。自分の仕事には責任を持っているので、2年目だからって全部中途半端で終わらせるのは嫌です。だけど、時間と体力と何もかもが足りません。先輩に相談しても、失礼な言い方ですが望んでいる答えは返ってきません。年功序列とか2年目だからとかではなくて、今頑張りたいのにうまくいきません。辛いです。

（はむ　23歳女性）

【ポインティの回答】

先輩を追い越していけ！　そして自分みたいな後輩ができたら救ってあげて

めちゃくちゃすごいじゃん！　**仕事ガチ勢だね**（笑）。「はむ」はまず、時代に逆行した人だということを意識してね！

いや、本当にすごいよ。このお悩みが立派だもんね。色んな仕事が降ってくる中でやりたい仕事があるんだよね。でも、時間も体力も何もかも足りないっ！「先輩もッッ………ダメだッッッ………！」って感じ（笑）。

いや〜〜まるでお仕事漫画みたい。『左ききのエレン』っていう大手広告代理店を舞台にした漫画があって、そこに**「万全なんて一生来ないぞ」**みたいなセリフがあるのよ。**「どんな状態だって、その時の仕事が自分の実力だ！」**っていう感じの。『左ききのエレン』ってほんとうに『BLEACH』ぐらいのテンションで仕事してるから、結構癖になって読んじゃうんだよね。真剣なのよ。で、やっぱり真剣すぎると、ポインティみたいなお気楽でも楽しめるの（笑）。熱っていいからね。ぜひ「はむ」も読んでみてね。

社会人2年目にして、もう仕事大好きなのは本当に立派だし、かっこよさが伝わってくるよ。まだまだ思うようにいかないところもたくさんあると思うんだけど、**いずれ、すっっっっごい量の仕事することになるから（笑）。**「はむ」はおそらく先輩よりも優秀だから、いずれ先輩をどんどん追い越していくよ。

そして、将来的に後輩ができると思うんだけど、その時に「若い時の自分みたいだな～」と思えるかも。やりたい仕事があるのに、なんか色々と仕事を振られて、やりたいことができてねえなぁって子が「はむ」の下に現れるといいよね。「**なんかこの子の目、昔の私にそっくりだな……**」みたいな（笑）。そういう子に会った時に、「**その仕事引き取るよ。やりたい仕事、あるんでしょ？**」**って言ってみて。**きっと「**はむさんかっけえぇぇぇ!!**」ってなるよ。**ハハハハハハハ（笑）。**

ぜひ、こんな先輩を目指してください！　なんかお仕事漫画っぽくていいよね。バスケ漫画の『SLAM DUNK』とかバレーボール漫画の『ハイキュー!!』とか、**みんなが超真剣だから漫画になるわけじゃん。仕事もそうなんだよね。本人の真剣さとか熱って、面白いぐらいかっこいいもん。**だから自分の気持ちを大事にして、英気を養って！　そしていずれ、過去の自分を救ってあげて！

仕事ガチ勢すごいな〜〜〜!!

【お悩み25】

頼られるのが嬉しくて、自分のキャパ以上に仕事を請け負って死にそうになってしまうことが多々あります。おまけに人を頼るのが苦手なので、いつも限界になってから相談して迷惑をかけてしまいます。ポはいつもニコニコしていて、人に甘えるのが上手だと感じているので、人に甘えるコツを教えてほしいです。

いつも動画更新ありがとう。キャパオーバーした時もポの動画を支えに頑張れています。

（牛タンバリン　19歳女性）

【ポインティの回答】

迷惑はかけ合うもの。かけたならとにかく謝る

なるほど〜〜〜。頼られるのが嬉しくて、自分のキャパ以上に仕事を請け負っちゃうんだね。**キャパ、見誤ってるね。**まあ、ポインティの場合はキャパっていうより時間を見誤ることが多いけど（笑）。

キャパの話でいうと、**ポインティ結構早めに音(ね)を上げるから、本当のキャパは相手に知らせないね。**そんなに仕事はしたくないから「**いや、もうこれ無理無理無理無理！ こんなにできないよ〜〜〜！**」って結構手前で言ってる（笑）。

ラジオで話すとか、動画撮るとかは楽しいんだけどさ……。しないといけない業務や手続きとかもたくさんあるじゃん？　**それはもう、全然楽しげじゃないのよ。**そういうのは「もうやばいやばい～～～！　もう無理無理無理無理～～～！」みたいになっちゃう（笑）。

「牛タンバリン」にとって、参考にならなそうでなりそうなのはね、ポインティの遅刻。ポインティは時間を守るのが苦手で、いつも限界になってから遅刻して、迷惑をかけてしまいます（笑）。

「牛タンバリン」に思っていてほしいんだけど、**迷惑ってね、かけちゃいけないってことはなく、かけ合いをすることが大切なの。迷惑かけたらほんと謝る。しっかり謝る。相手が望む方法でね。相手の気が済む方法で謝る。もうこれしかなくて。**

「牛タンバリン」は今、キャパ以上に仕事を請け負って、限界になってから相談して迷惑かけちゃうって言ってるけど、それって前向きじゃん！
「頼られるのめっちゃ嬉しくて仕事しちゃう！」みたいな感じなんでしょ？　それを見かねて「牛タンバリン」に仕事を振るのを調整する人もいるかもしれないんだけど、それとは別で、もう**迷惑かけたら「謝る」ね。これが大事。**

謝り方とか、謝るテンションとかもめちゃくちゃ大事。ポインティが遅刻した時は「遅刻していいとは思ってないよ？　遅刻してほんとにごめん！」って心から思ってるの。**「遅刻なんてほんとはしたくない！　でも遅刻しちゃいました、ごめんなさい！」**って謝ってる。とは言え、「いやいや、遅刻なんてさ……！　そんな気にしないで、お互い話し合ってこうよ！」なんて思っていないとは言い切れないんだけど……（笑）。

例えば相手が遅刻した時。これはもう最高！「よかった！」とか「うわっ、じゃあもっと余裕できちゃう！」みたいな感じになるよね（笑）。こっちはカッカしないから。で、そういう時は、遅刻した相手のことはすんなり許せちゃう。ポインティもこれまでに色んな人に許してもらったから。

「牛タンバリン」が色々これから仕事していくにあたって、周りの人に対して「いや、頼んだことやってないじゃん」「自分が迷惑をかけられた！」って思う時もあるかもしれない。でも、そんな時でも**「いや、でも迷惑って、私もかけてきたしな」って思えばさ、相手のこと許せるかもしんないじゃん？**

ちなみにポインティの場合は、相手が遅刻することがわかったら、その分の時間的余裕を感じて、別のことをやり始めたポインティが余計に遅刻するという**「最悪の遅刻のめんこ」**みたいになる時もある。**ハハハハハハ**（笑）。

「牛タンバリン」は**「他人に迷惑かけちゃいけない」って強く思いすぎ**だからね。

「いつも同じ失敗を繰り返しちゃってるな……」って感じたら、キャパを管理するのが上手い人に相談してみるのもいいかもね！

身の周りの人は、「牛タンバリンさん、もっとこうやったらいいのにな」ってなんとなく思ってるはずなんだよ。その「こうやったらいいのにな」をどうにか聞き出す！　それこそがコミュニケーション。頑張って聞き出してみて！

【お悩み26】

お仕事暇すぎて病みそう。「仕事ください」って上司に伝えても、上司自体が忙しくて考える時間なさそう。ポちゃんならどうする？　お給料だけもらうの悪いし、お仕事行きたくないよ〜！

（ポー　27歳女性）

【ポインティの回答】

与えられるのを待つのではなく、自分で仕事を作っちゃおう！

え〜〜〜〜〜〜！　お仕事が暇なのめっちゃいいよね？　お仕事暇でお給料もらえるって最高じゃん！　ハハハハハハ（笑）。

「ポー」の気持ちはすごくわかるよ。ポインティも1社目の時、担当していた漫画が終わっちゃって時間を持て余してたなあ。その時にいた「コルク」っていう会社は、ポンポンと新しく連載が始められるような会社じゃなかったから、「ほんとにやることなくなっちゃうよー？」って上司からも言われてた。

「どうしよう〜」ってなってたら、次の作業が見つかるまで一旦はこの部署にいな！　って感じで、総務部に移ってお仕事の手伝いをしていたの。それでも暇な時間は前よりも多くなっちゃってたから、**「ちょっと社内を盛り上げようと思います！」って考えたんだよね。**具体的には「社内に図書館作っちゃいます」ってことをした。

月1回みんなで選書した本を置いて「みんなで形作る図書館」作っちゃいます！　っていう案。上司に提案したらあっさりと本棚の予算がもらえて、しかも本を作る会社だったから「なんかいいね！」ってふんわり褒められたわけ。でね、安いけどいい本棚を探すことに時間をかけたりとかして暇をつぶしてた。

……だからさ、「ポー」も**仕事を作っちゃうのはどう？**

誰かの役に立つこと、誰かが喜ぶことだったら進めてもいいはずだから。だったら、何をすると社内は喜ぶかな〜って考えて、「これやると社内盛り上がっちゃうんじゃないの～～～？」みたいなことを探して、時間をつぶそう！

ポインティがその時に読んでた漫画が「ビッグコミック」で連載していた『総務部総務課山口六平太』って漫画なんだけど、主人公の六平太（ろっぺいた）はいつも暇なのよ。結構暇な総務部。でも社内で何か不具合があったりとかすると、ちょっと巻き込まれたりとかするんだよね。それを「ま、じゃ、こういう風にやってみますか」みたいに、ぬるっとゆるーく解決していくお仕事漫画だよ。

今の「ポー」にはめちゃくちゃおすすめの漫画だからぜひ手に取ってみて。六平太を読みつつ、社内でなんかやっちゃうぞ～っていう動きを見せたらいいと思う！

【お悩み27】

自分の中では努力して真面目に取り組んだはずが、上の人から「積極性が足りない、指示に従わない」という指導を受けました。信用したり、心を開こうとしたりしていた途中だったのに、自分自身を認めてもらえず、今までの態度が伝わらず、裏切られた気持ちと悔しい気持ちになりました。反省すると今までの自分の行いを否定してしまうようで、受け入れたくありません。この時、どのように心を落ち着かせればいいのかアドバイスが欲しいです。

（ピロピン　22歳女性）

【ポインティの回答】

焦りは禁物！心のホームボタンを押してみよ

……なるほどね。22歳だから多分新卒だよね？　**社会に出て仕事をしだすと、あんま認めてもらえないよね**（泣）。**自分の思うようにうまくいかなくて注意されたりもあるし。「そんなの上の人の好みじゃん！」とか。「あ〜〜〜、じゃあ全部私が悪かったってこと!?」**みたいに感じちゃう。そこで「ピロピン」は、「裏切られた！」と悔しい気持ちになったと。

「ピロピン」はいま、「どおなっちゃってんだよお゛お゛お゛お゛お゛お゛お゛お゛お！」っていう**藤原竜也状態**だよね（笑）。

「なんでだよ゛お゛お゛お゛お゛お゛お゛お゛お゛お!!」ってなってる。ハハハハハハハハハハ（笑）。

でも、**叫んでる藤原竜也と話したり、仕事したりしたくないじゃんね。**でもまあ、ポインティは、「ピロピン」ほどちゃんと「悔しい！」っていうモチベーションを、逆に持てないタイプの難しい社員だったんだけど……（笑）。

理解、されたいよね。 **でもね、仕事を通してお互いを理解し合うことってすごく難しいことだと思うんだよね。**しかもその間に別の仕事が挟まってきてミスが発生したり、取引先と気が合う合わないとかあったり、仕事の仕方がどうこうとか、無限に色んな事象の摩擦が起きて……。

「もうこんなの、信用できないよ————ッ！　あ゛あ゛あ゛あ゛あ゛あ゛あ゛あ゛あ゛あ！」ってね。何度も言うけど「ピロピン」は今、藤原竜也になっちゃってるから（笑）。**心のやり場がないんだと思うんだよね。**新卒だしね。

ポインティは新卒の時、友達と3人でシェアハウスしていて、**話をすぐ聞いてもらえる環境にあったからよかったけど。それでもやっぱり「うまくいかないな〜」みたいな気持ちはすごいあってさ。**当時は何してたかな〜〜〜。飲んでたかな（笑）。家で変な料理したり、チーズとソーセージとパンを急にレンチンして、「マクドナルドだ〜〜〜」とか言ったり。何してたんだろうな（笑）。

わかりやすく言うと「ピロピン」は今、仕事のストレスを抱えてるわけ。**ストレスで追い詰められて、今はちょっと余裕がない状態。でも、余裕がない時に結果を出すことって、余裕がある時に結果を出すよりの難しいと思わない？**すっごい焦ってるなかで「これしないといけない！」ってなったら大変じゃん。

ちょっと話が飛ぶんだけど、ポインティは最近、『ハリー・ポッター』の世界が舞台のゲーム「ホグワーツ・レガシー」をやってて……。敵を麻痺させる呪文「ステューピファイ！」を相手から食らった時、**「な〜〜〜〜ん（泣）」**ってなっちゃうのよ。それで、「やばい、回復もしないと！　でも相手の武器を飛ばす魔法『エクスペリアームス』もしたい！」って焦ってたら操作をミスって、「ああっ！　ダメだ！　『ウィンガーディアム・レヴィオーサ』押しちゃって敵が浮かんじゃった！」……みたいになって**一人で死ぬほど焦ってるの（笑）。ハハハハハハ（笑）。**

このゲームをプレイしているポインティみたいにさ、**うまくいってない時のミスの重なり方って、えぐいから。失敗しちゃうと「ああああぁぁぁぁん（泣）」って、そりゃなるよ。**でもゲームだったら、そういう時**はホームボタンを押したら止められるし、1回落ち着くじゃない。そんな風に現実でも、まずは呼吸を整えて、困難から距離を取るのも大事。**

だから、友達でもいいし、実家戻ってもいいし、行きつけのお店を作ってもいいし、なんでもいいんだけど、会社以外の憩いの場を持つ！　職場以外の違う場所を持つ！　いわば、「自分のホームボタン」だね。ホームボタンをいつでも押せるようにするっていう感じ。

22歳でこれだけ裏切られた気持ちと悔しい気持ちを持ててるから、全然ポインティより社会人スキル高くなる素質があると思うよ。「上の人が言っている積極性ってなんなんだろう?」とか、「指示をもっと聞いてやろう！」みたいな感じで、前向きになれるから。

今、「ピロピン」は**ちょっとしょげてるだけ。**

ホームボタン押しな！

【お悩み28】

この歳になってもまだ自分が何をしたいかわからないし、仕事においても目標とかないから、その瞬間を乗り切るための運任せのやり方しかできないです。上司からも「そんな場当たりのやつにマネジメントを任せられると思えないし、目標がないのに続けるのは時間の無駄だと思う」って、やんわりと「辞めれば？」って言われるし。どうしたら自分を変えられるのでしょうか？

（ぺっこ　26歳女性）

【ポインティの回答】

別にみんな、目標があるように設計されてるわけじゃない

えええ〜〜〜〜〜っ！　目標のために頑張るとか、むずいよね。ポインティもそんなに「猥談」がやりたくてやりたくてたまらなかったかと言われれば、ただ限りなく向いてたからやっただけなんだよね……。

とは言えポインティは、**目標を口に出してみたりとか、思い描いてるプランよりもっと先のことを言葉にしてみたりはするよ。**けど「この目標のために今まで頑張ってきたんだ！」みたいなことは1回も言ったことないかも。動画でも「みんなほんとに、ポインティがこの目標にチャレンジしてる時、応援してくれてありがとう！」みたいなテンションはなかったよね。

「その瞬間を乗り切るための運任せなやり方」って言ってるけど、**普通に出社してるだけで偉いよ。**会社側は「ぺつこ」を入社させて、労働契約を結んでるんだから、そんなに悪いことしてるわけじゃないよ。

だけどもしかすると、**「熱量高めの会社」にいるんじゃない……?**ちょっと熱い系の。この上司のコメントからは正しさとか熱さを感じるよね。で、「ぺつこ」が悩みを抱えたのも、そんな環境のせいかもしれない。

でもさ、**別に入っちゃえばこっちのもんだしね、会社とかって。**

ポインティも1社目に入った時、**「よっしゃ〜〜〜これで食いっぱぐれねえぞ!」「ずぅ〜〜〜っといてやれ〜〜〜!」**みたいな気持ちだったよ。

それでも独立したのは、より自分の向いてることに気づいたから。テンション上がるかな〜と思って大きな目標を言ってみたりもしたけど、実際はそんなでもないのよね。もちろんそれが向いてる人もいるよ！　でも**目標がなかったらないでいいんじゃない？　別にみんな、目標があるように設計されてるわけじゃないから。**

いいじゃん、運任せのやり方で！　カードゲームで有名な漫画『遊☆戯☆王』で城之内（じょうのうち）くんっていうキャラがいるの知ってる？　城之内くんって結構ギャンブルデッキを使うのよ。土壇場で「サイコロだ！」「ルーレットだ！」って。でも城之内くんのそのギャンブル性、とってもいいんだよ〜。だから「ぺつこ」も、自分はギャンブルキャラだと思いな！　**「瞬間を生きるためのルーレット！」**（笑）。いいじゃん！

『遊☆戯☆王』を読んで、**城之内くんらしさを入れたほうがいい。**城之内くんに学んできてください（笑）。

【お悩み29】

ポインティは、仕事の上司が悪口言ってくるタイプだったらどう接する〜？　うちの上司は色んなことに対して悪口言うタイプで、社外とかプライベートの悪口だったら適当に流しているけど、社内や部下の悪口だと聞いていて悲しくなっちゃうよ！　実際に後輩から上司について「悪口ばっかり聞かされて嫌だった」って相談受けたりしていて、後輩のためにもなんかできることないかなって悩んでる。ポインティだったらどうする〜？

（おひるね大好き　29歳女性）

【ポインティの回答】

悪口にはダル絡みするのがいい。相手を呆れさせせよ！

悪口言う人ね。やだね～～～!!

うーん。**悪口ばっかりの人っているよね、ほんとに。その人って結果的に周囲からの評判よくないと思うんだけど、現在進行形で困ってるわけだもんね。ポインティだったらやっぱりもう……、ふざけちゃうよね（笑）。**

悪口に反論したりとか、その人に「やめたほうがいいですよ」って言ったりしてもやめないわけじゃん。多分これまでにも同じようなことを言われてきているだろうし。だからもう、**「こいつに悪口言ってもノリ悪いなー！」って相手に思わせた**

いよね。そして、悪口の負のエネルギーを合気道みたいに別のエネルギーに変換させたい。反応悪いな！　なんかウケないな！　っていう感じ。

例えば、社内の誰かの悪口を言ってきた時に「**でも、●●さん（悪口を言われている人）……山芋好きらしいですよ**」みたいな切り返ししてみるとか。相手からすると「……はあ？」だよね（笑）。

悪口言う人って「えーそうなんですか！　やば！」みたいな相手の反応を楽しんだり、同調を得ようとしているんだよ、たぶん。ただただ悪口言うんだったらさ、バーとか社外とかで一人で勝手に言ったりすればいいじゃん。でも**わざわざ社内で言うってことは、悪口を聞かせてる相手の反応を見てるんだよ。だからもう、そんなのには屈せず、反応しないでふざけ続ける！**

実際に後輩も困ってるわけじゃん。だから後輩と一緒に、「悪口言ってきたらこういう反応しようよ！」みたいなのを決めといて、いざ言われたらすかさず「**でも●●さん、山芋好きって言ってましたよ〜〜**」って言う（笑）。そしたら上司はさ、「**もう、なんなんだよ！　山芋の話なんかしてないよ！**」ってなるから。

でも、これの難しいのが「**なんとかハラスメント**」にまだ該当してない、**名前のついてない罪みたいなことをその上司がやってるところなんだよね。**だったらもう、こっちも**「名前のついてないだるさ」で対抗するしかない。**

だから後輩とルールを決めて、2人のミッションにして、上司のことを呆れさせようぜ！「**あいつらに悪口言えば言うほど、なんかめんどくさい絡みされる……**」って思わせよう。そんな感じで**楽しく撃退しちゃおうよ！**　ハハハハハ（笑）。

【お悩み30】

私は今、新卒で勤めている会社を休職していま す。理由は、ある上司とのそりが合わず、自身が パニック障害と診断されたからです。復職の見込 みもないため、転職活動したほうがいいと思うの ですが、前職でのトラウマがフラッシュバックし てうまく考えられません。周りの家族、恋人、友 人などは休むのが仕事と言ってくれますが、休む ことに上限が無いのが怖いです。何か新しく気持 ちを切り替えられる方法を教えてください。

（カイコーギー　24歳女性）

【ポインティの回答】

図書館で「お休み期間」の先輩探しだ！

なるほどね〜〜〜。「カイコーギー」には復職の見込みがないから、転職活動しないと、って思ってると。うまく考えられないし、かと言って不安で休めないのってどうしたらいいいんだろうな……。

おそらく今、「取っ掛かり」がないんじゃない？「カイコーギー」には。

ツルツルの岸壁を見上げてるような気持ち。「本当はボルダリングしたいんだけど、岸壁ツルツルやな〜！」って。ここにずっと立ってることもできるけど、**実はちょっと登っていきたいな、っていう気持ち**なんじゃないかな。

取っ掛かり、欲しいよね。そんな「カイコーギー」にはもちろん、休職中や無職の皆さんにおすすめなことがあります。**「人生でお休み期間をとってる人」のエピソードとかを見たり読んだりしてみよう！** ポインティも1社目の会社を辞めた時はお金も無いし、暇だったよ。でも色々と見て読んだことで、**「そういう時も必要なんだな」って前向きになれたんだよね。**

「くまモン」をデザインした「good design company」っていう会社に、水野学さんっていうデザイナーの人がいてさ。その人がgood design companyを作る前には、仕事を辞めてプラプラしてた期間があって、図書館で色んなデザインを見たりとか、プールに行ったりしてたんだって。そのことをポインティはなんかの記事か本で読んで、**「プラプラするっていいな〜〜」**って思ったの（笑）。

ポインティはデザイナーになりたいとか、水野さんみたいになりたいとかは全くなかったんだけど（笑）。こんなに忙しくしてそうな人も昔はプラプラしてて、それってなんかいいよな〜〜みたいなことを思ったんだよね。

ここで「カイコーギー」に宿題を出します。宿題とか好きじゃない？　どう？（笑）

それはね、小説家とかビジネスマンとか誰でもいいんだけど、**人生のお休み期間について述べてる人の本を図書館で探してみること！　図書館で本探すって、めっちゃ前向きな感じがして楽しいから。**お金かからないし、最高だよね。**図書館って、無職の時とか休職してる時との相性すごくいいから！**　図書館に行って探してみてほしい！

例えばだけど、パニック障害で1回仕事をお休みした人の本とか、**自分とは違う人生を覗いてみよう。**そしたらさ、**「ああ、こういう風に生きられるんだ！」**っていうのがわかると思うから。

【お悩み31】

仕事でパワハラされてから、気持ちが落ち込んで上がらない。何しても全部がうまくいかなくなっているような気がする。どうしたら前みたいに自分らしくいられるの？　楽しくいられるの？

（むむむ　26歳女性）

【ポインティの回答】

自分の変化に対して、自分自身が優しくいようね

これはパワハラしたヤツのせいだね。そりゃ気持ち落ち込むよ。**絶対に「むむむ」が悪いわけじゃないんだけど、もしかしたら、前の自分にはもう戻れないかもしれない。**まずね、そこをちょっと受け入れてほしい。

なんでかって言うと、**仕事でパワハラされたってことは、誰かに尊厳を踏まれたわけだよ。**そしたらもうそこには、**踏み跡、足跡がついちゃってる。それって元通りにはならないじゃん。**

だからね、「元通りにしなきゃ」って思いすぎないほうがいいと思う。「上手くい

かない、上手くいかない！」ってなっちゃうから。でもそれは本当に相手のせいだし、全然「むむむ」のせいじゃない。まずはこの2つを理解してほしい。

で、その行く先なんだけど……。**心の回復って多分すごくゆっくりで、時間がかかるものだと思うんだよね。しかも完全回復なんてないと思う。**よく、鬱[うつ]には寛解はあるけど完治はない、って言われたりする。だからね、元通りになることはないかもしれないけど、パワハラされた時に言われたこととか、そこで傷つけられたこととかが気にならなくなる日が来るかも。いつになるかはわかんないけど。

なので、まずは「なんで前みたいにいかないんだ」って自分を責めちゃうとか、「なんで？　前はこんな自分じゃなかったのに……！」とか、そんな風に変化に対して厳しくいるんじゃなくて、**変化に対して優しくいることが大事。**

自分の変化に対して優しくして、**「こういうのも自分なんだな〜」っていう風に、**

自分のことを労わって慈しみながら過ごしていこう。そしたらいつの日か、「あんまり気になんないな」「あれ、なんか今の自分も好きかも」って思えるようになるから。ちょっと時間がかかることを見越してね。**そんなに急がず焦らず、ね。**

今回のことから得たもの、とかを考えるのは下品かもだけど……。

「むむむ」は今回のことでこれまでとは違う自分になっちゃったかもしれないけど、例えば友達がパワハラされた時とか、友達がすごく傷ついた時に「私はこういうことあったよ」とか「過去にこんなことあったけど、この後こうなったよ」って言える人になれるから。

――**回り道も、良い景色。ね！** おじいちゃんの相談みたいになっちゃったけど（笑）。

【コラム】

ポインティ、人生最大のピンチのお話

意外にも、ポインティは高校時代ラグビー部だったんだ。

でもラグビーが本当に好きじゃなかった。

ひょうきんで面白くてラグビーが大好きな友達に勧誘されて、未経験ながら入部したラグビー部。中学時代に色んな運動部に入ってたメンバーが集まってきて、同期は合計20人ぐらいいた。未経験者のほうが多かったような気がする。

ラグビーがどんなスポーツか知らない人のために軽く説明すると――。

手に持った楕円形のボールをタックルして奪い合う！　相手から奪ったら味方に

投げる！　ボールを受け取った味方はとにかく走る走る！　相手にタックルで捕まりそうになったらボールを味方にパス！　パスを繋ぎ続けて相手の陣地の一番奥まで行ったら得点！　ヨッシャー！

……っていう、だいぶ原始的なスポーツ。監督いわく「紳士のやる野蛮なスポーツ」らしい。

もうとにかく、泥まみれで汗だらけ。

怪我も多いから、ポインティは社会の授業で「3K職場」（1990年ごろに流行語になった言葉で、「きつい」「汚い」「危険」の3つの頭文字を取ったもの）っていう言葉を習った時、即座に「ラグビーのことじゃん……」と思ったぐらいだった。

部活前と後に、同期たちとふざけてる時間は最高に楽しいけど、肝心のラグビーをやってる時間は本当に辛かった。「なんでこんな部活入ったんだろう……」って思いながらも、練習には出るポインティ。だけど積極的にタックルしないから、監督に「佐伯ィ、タックルにいけぇえええ！」って怒鳴られまくってたよ。

なんとなくわかると思うけど、タックルにいかないラグビー部員はかなりイレギュラーな存在なんだよね。やらないといけない仕事をサボりまくってる社員に近い。15人いるプロジェクトチームの中で1人だけサボってる感じ。絶妙にサボれそうでしょ〜？

実際サボれるのよ。でも部署の管理職にはバレてるっていう状態。ダメだよね。

ちなみにポインティは試合中、遠回りしてタックルが発生しそうな場所に向かうことで「現場には向かってるんですけど、間に合いませんでした……ッ！」っていうスタンスをとってた。でも監督やコーチは何十年もラグビーをやってるから、試合のビデオを観ながら「佐伯ィ、わざとタックルにいってないな!?」って言われ続けてたよ。ポインティは「（試合のビデオ、早く終わってくれ〜）」って思ってた。

向いてなさすぎる。

そんな風にタックルを指摘してくる監督には、実は結構ドラマティックな過去があった（この監督のことを、以降は「K監督」って呼ぶね）。

昔、別の強豪校で監督をやってたK監督。その当時は全国のラグビー部で体罰がめっちゃ横行してたらしいんだけど、K監督は絶対に体罰をしない方針だった。「思春期の大事な生徒にそんなことしちゃだめだ！」って。

でもその強豪校では、K監督が帰ってから、その部下の副監督とコーチが生徒に体罰をしてたんだよね。

それを知ったK監督は「生徒に体罰をするな」って厳重注意したんだけど、苛立った副監督とコーチが共謀してK監督を辞めさせて、学校から追い出しちゃった。

その後にK監督はポインティの高校に赴任してきた。この時にK監督の中には「体罰をしないでチームを育てて、かつていた強豪校に勝つことで、自分の方針が正しいことを証明してみせる」っていう目標があったのよ。

熱いでしょ〜〜〜！

……そういうビジョンには共感しつつ、全然タックルにいかないポインティ。

でもそんなポインティに、K監督がある試練を課してきた。

ポインティと同期メンバーが3年生になった時。

同期はみんなAチーム（1軍をそう呼んでた）で試合に出てたんだけど、ポインティはあまりにもタックルにいかないから、試合に出られない1、2年生たちが集まったBチーム（つまり2軍）に、3年生1人だけ降格させられちゃったわけ〜！

「ようやくタックルにいかなくてよくなった〜！　イエ〜イ！」と思いつつ、仲良い同期と練習メニューも違うし、なんか気まずいし、恥ずかしいポインティ。同期のみんなと一緒の試合に出られないのも寂しい……ってかこれ、このままいったら高校最後の全国予選もポインティだけ出られないんじゃないの!?　ってようやく危機感が芽生えてきた。

そうこうしているうちに、夏の合宿でK監督から「佐伯がBチームを率いて、他校の2軍と試合しろ！」っていう指令が出た。つまり、

ポインティがキャプテンってこと〜〜!?　どうなっちゃうの〜〜〜〜〜!?

……っていう人生最大のピンチが訪れたのよ。

試合当日。相手は遠征に来てる奈良のむっちゃ強い高校の2軍。

ラグビーやってて思ったことだけど、同じ高校生でも敵チームとして並んだ途端

に、すんごいガタイが良く見える。正直怖い。肩が尖ってる。刺さりそう。どういう鍛え方してんだ。

でも、そんな肩尖りボーイズたちにも臆さず、キャプテンがタックルにいかないと、1年生も2年生もタックルにはいかない……。これはとうとう「「「タックルにいく時」」」が来たんだ……と思って、ポインティは初めて、試合で積極的なタックルを披露したんだよね！

タックルのコツは、「もうこれで終わってもいい……！　ありったけを……！」っていうゴンさん（『HUNTER×HUNTER』に登場するキャラクター「ゴン」が急成長した姿）みたいに死ぬ気でいくこと。ラグビーは土を蹴りやすいようにスパイクシューズを履くんだけど、そのピンが刺さってもいいから相手の足首に飛び込む！　ぐらいの勢いでいくと、案外上手くいくんだよね。痛〜〜〜いけど。

本当に死ぬ気で何回もタックルにいったポインティ。試合後は満身創痍すぎて、肩と足は氷袋でグルグル巻きになってた。鏡を見たら、フランケンシュタインみたいで、さすがに笑ったよね。

フランケンシュタイン・ポインティは、K監督に呼び出されたの。

「今日は十分、気合みせてもらった。佐伯ィ……、Bチームから戻ってこい」

……って言われるだろうなーと思って、内心ニマニマしつつ足を引きずって行ったら、監督がこう言った。

「今日は頑張ったな、佐伯ィ……。明日もう1試合いけるか」

…………おい！　肩と足の氷、見えてるか!?

体罰しないことで勝つって言ってたけど、いや確かに体罰してないけども、これ

もう1試合いける身体ちゃうぞ!?　もう体罰より頭おかしいだろ!!　って思ったけどそんなことは言えずに、

「もちろん、いけます」

とだけ答えた。自分がタックルをしてこなかったツケってこんなにデカかったんだ……。

でも確かに、この1試合だけじゃ、ポインティの代わりにこれまでタックルにいってた同期たちも素直に認めてはくれないよね。同期たちがタックルして満身創痍の中、ポインティは試合帰りにピンピンの健康体でBOOK・OFFとか行ってたから……。そのツケが回ってきたんだって、静かに覚悟した。

翌日。試合の記憶はほとんどない。

「5番（ポインティの背番号）足引きずってる！　穴だー！」って相手チームに言われて、前日よりも相手が突っ込んできたから、タックルしまくらないといけなかったことだけをかろうじて覚えてる。

ドラえもんが帰っちゃった後にジャイアンと喧嘩したのび太くんと同じ状態だった。目がバツになってるけどがむしゃらに相手の身体にまとわりついてる感じで、とにかくずっとタックルの嵐だった。

気付いたらボロボロで、試合は終わってて、両足ともつってた。

ここまでくると逆に、足を引きずらないで歩けるんだよね。で、おそろしいほど時間をかけてトイレに行ったらK監督が来て、「ボロボロだったけどな、俺は好きなラグビーだった」って言ってくれた。おしっこと一緒に涙が出た。

そこから数カ月が経ち、3年生最後の冬の大会。

公式試合に出られるのは、もちろん1軍のAチーム。
ポインティはそのAチームのユニフォームを着て、グラウンドに立っていた。

大会予選の最初の試合。開始を知らせる笛が鳴った。
相手チームにボールが渡って、ファーストタックルが発生する。

K監督が叫ぶ。
「佐伯ィ、ナイスタックル!!」

あ、ラグビーちょっと好きかもな、と初めて思えた瞬間だった。
もっと早くからタックルすればよかったな。

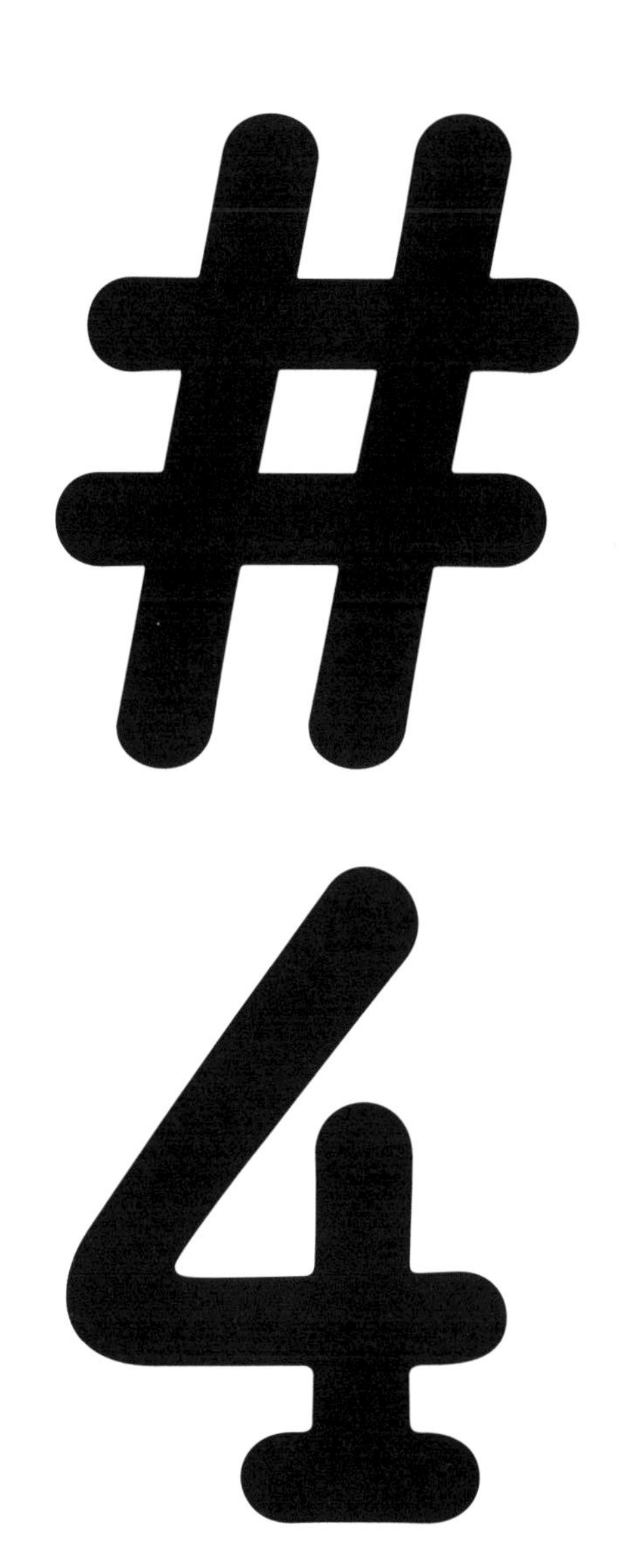

#4 人間関係・家族

【お悩み32】

学生時代から仲のいい友達がいます。最近その子が私の上位互換のような存在に思えてしまい、嫉妬とともに悔しくなります。うまく説明できませんが、なんでも私より簡単にそつなくこなしているように見えます。大事な友達なのに、こんな気持ちになって自分が嫌になります。

（およよ?!　20歳女性）

【ポインティの回答】

その友達とは、すっごく仲良くなる可能性を秘めてるね！

「およよ?!」はいいヤツだな〜〜〜！

すごい、すごいよ！　見事な感受性をしてる！

仲のいい友達が自分の上位互換みたいだなって思って、嫉妬したり悔しくなったりしてね。しかもそんな気持ちになっちゃう自分も嫌で。いや〜〜〜、これはとても難しいね。でも、相手の性格にもよるけど「**およよ?!**」**は友達にこの事を打ち明けてみてもいいかもしれないよ。**お互い高校生ってわけじゃないし。

相手の性格にもよるけど、**その友達とはすごく仲良くなる可能性を秘めてるよ。**

例えば「およよ?!」が友達から、「私、『およよ?!』ちゃんが、私の上位互換みたいに思えちゃって……」なんて言われたらさ、「およよ?!」は絶対、「いやいやいや、えっっっっ!?」って思うよね。

ほのかな嬉しさとともに「でも、△△ちゃんはこういうところがすごいじゃん!」「こういうところを尊敬してるよ!」って、君は言うと思うんだよね。

つまりこれはね、**「およよ?!」は実は、相手のことをすごくリスペクトしてるってことなの。めっちゃ尊敬してるの。**「いいな、羨ましい!　こういう風になりたい」ってね。だからこそ自分と比べちゃって、そこに嫉妬してるんだよね。**でも、そもそも憧れってそういう感情なんだよ〜。**「およよ?!」はまだ二十歳だし、手触りで理解するのは難しいかもしれないけどね。

ポインティはこれまでたくさんの色んな人に会ってきたり、話を聞いたりして、足跡っていうか、軌道が同じ人って誰1人いないんだなってわかったの。人生の放物線が似てるとか、多少はあるかもしれないいんだけど、まったく同じっていう人はいない。

自分で選んだ学校とかコミュニティにいるとわかりづらいんだけど、マジで同じヤツっていないんだよね。その友達と「およよ?!」にも差分はあるから。その差分は長所と短所とどっちもなんだけど、**基本は表裏一体。**

だから、相手も「およよ?!」のことが好きだったら、その思いを打ち明けると絶対、「いや、『およよ?!』はこういうとこがいいよ!」って言ってくれると思う。**これはもうね、ポインティは人間生活が長いのでわかります。**

これ以上によりよいパターンがあるとすると、相手も「およよ?!」に嫉妬してたりするかも~! 「それ言いたいの私だよ?!」みたいな。**そうなったらもう、2人で仲良くプリクラ撮りなさい(笑)。**

【お悩み33】

いつも動画を楽しく拝見しています。人と仲良くなることやコミュニケーションが年々下手になってきて、人見知りになってきています。ポインティは、人と接する時にどういうことを意識していますか？　よろしくお願いします！

（おつな　23歳男性）

【ポインティの回答】

興味の「取っ掛かり」を見つけられたら、こっちのもんだ！

大前提みたいなことを言うと、**人ってやっぱり自分に興味を持ってほしいんだよね。**もう8、9割でね、いい感じに興味を持ってほしいの。その興味を持つポイントは嘘じゃダメ。ほんとに気になることじゃないといけない。

でね、その取っ掛かりを見つけるのを上手くなることが、相手と仲良くなる秘訣なんだけど……。

「おつな」は今23歳じゃん？　お便りの最初に「いつも動画を楽しく拝見していま す」って書いてある。「拝見」って普段は使わないから、そこから「**漢字得意そうだな〜**」「**本読むタイプなのかな〜**」**って連想できるよね。**んで、「コミュニケーシヨンが年々下手になってきて」っていうことは「**昔は友達できてたタイプなのかな?**」とかね。

そういう取っ掛かりを見つけられたら、質問できるじゃん。
「おつなは本とか読むの～?」とか、「昔はどういう学生だったの～?」みたいな。
そうやって話を広げていったら、また新しい取っ掛かりが出てきて、「じゃあ部活は?」「▲▲部だったんだ! ポジションどこ?」ってもっと展開していける。

「質問の枝分かれ」だよね。 **でも、その枝分かれを適当にやっちゃダメなのよ～。**これを適当にやる人、いるのよ。自分が興味持ってないことをぽんぽん聞いちゃう人。そうじゃなくて、普通に話を聞いていて、そのなかで自分が気になったことを聞いていくのがいいよ。相手もさ、聞かれたら答えてくれるよ。そしたらまた、聞く側の自分のなかに新しい取っ掛かりが見えてくるから。

たこ焼き屋さんでバイトしたことがある人がいたとして……。「そもそもなんでたこ焼き屋さんでバイトしようと思ったの？」「たこ焼き好きなの？」みたいなことを聞きたくなるよね。

ポインティはたこ焼き屋さんでバイトしたことないから、「なんでたこ焼き屋さんでバイトしたいって思うんだろうな〜」っていう疑問から広げて、「バイト終わったあと、たこ焼き食えんのかな〜」とか「そのたこ焼き屋さんの店長ってどんな人なんだろ〜」……とか気になっちゃう。

自分はよく知らないし、経験もしてないことだけど、相手にとってはそれが普通ってこと、いっぱいあるじゃん？　そこをどんどん聞いてく感じ。

そうすると相手の情報がどんどん出てくる。「この人ってこういう人なのか！」「こういうのが好きで、こういうのは嫌いなんだ」とかが、だんだんとわかってくる。**最初は単なる紙のティーバッグだったのに、だんだん、質問という**

水によって麦茶が出来上がる……みたいな（笑）。

わかってもらえそうかなあ。**その人のコアの部分にはさ、お茶の紙パックみたいにとにかく詰まってるのよ。まだ味が出てないだけ。**

でもそれを水に浸すことによって、だんだんじわーっと紙パックに水がしみ込んで、**「あ、お茶の味がしてきた、味が明確になってきたぞ！」**ってなる。**「この紙パック……、ウーロン茶だ！」**みたいな感じよ。だから、本当は取っ掛かりが無いってことはない。取っ掛かりを探すのが難しいだけ！

「そんなに興味持てない！」みたいなことも、もしかしたらあるかもだけど、自分と相手の違いを起点に考えると、「なんでそうしたの？」って相手に興味を感じられるはず！「自分はそれをしなかったけど、あなたはどうしてやったの？」って。

そう考えると**他の人と話すのって楽しいし、他の人の話を聞くのも面白いと思う。**

「おつな」は23歳、まだまだ若いじゃん。年上の人と話す時は、相手との間に年齢差分の開きがある。そんな時こそ「23歳の頃、何してました？」とか、質問してみるといいよね！

【お悩み34】

とにかく自分に自信がなくて、友達や恋人にプレゼントや食事で貢いで、関係を繫ぎ止めようとしてしまいます。いつでも都合のいい人になってしまう自分をどうにかしたいです。（ちろる　22歳女性）

【ポインティの回答】

相手の気持ちを、ないがしろにしちゃってるかも

相手にとって都合のいい存在になっている自分のことを、わかってはいるんだね。それでもとにかく自分に自信がなくて貢いじゃうんだ。難しいね。

プレゼントや食事って、お金が形を変えたものじゃん。お金が形を変えたものをあげているということは、ニアリーイコールでお金をあげていることになっちゃう。でね、別にお金をあげてもいいんだけど、それを受け取る側からすると、プレゼントや食事を特別なタイミングじゃなくて普通の時に、かつ過度にもらっていると不自然なわけよ。

片方だけがいっぱいあげてるわけでしょ？　**その不自然さは、友情や恋愛のノイズになっちゃうよね。**今してることは、「ちろる」が本当に求めているものからはどんどん遠ざかっちゃう行ないなのよ、実は。

なんで不自然で、ノイズになるかっていうとさ、向こうは「ちろる」のことを対等だと思って、「面白い子だな」とか「話してて楽しいな」っていうポジティブな感情を持ってるかもしれないわけよ。「私たち、友達だね！」って思ってるのに、「ちろる」が**「いやほんと、友達らしくいてくれてありがとうね！　無理させてごめんね！　つーわけでプレゼントもらってください！」**って来たら、「えっ」ってなっちゃう。**「私たち、友達！」って思った感情はどこに行くの？　って。**

つまり、**「ちろる」の振る舞いは、自信のない自分をガードしているようでいて、相手が自分に対して感じてくれた対等な感情っていうのを、実はちょっとないがし**

ろにしちゃってるかも。**だから、実はそれってしないほうがいいやつ。**

色々と貢ぎたくなるところをグッと我慢してみてよ。そしたら多分相手は、「ちろる」が本当に欲しいものを与えてくれると思う。グッと我慢してね！　貢がなくても、案外一緒にいてくれるんだなーって、思えたりするかもしんないよ。

で、その時に、自分の中にある何かにもとづいた自信じゃなくて、**その友達と関係が続いてること自体が根拠になって、「ちろる」にとっての安心感になると思う。**

「私にはこんな友達がいて、こんな友達と両思いでここまで来た！」って。でね、その事実自体に嬉しくなって「食事奢りたい！」って思ったなら、もうそれは「ちろる」が、「今日はデートってことだよ！（照）」って気前よくしちゃってくださいよ！（笑）

今、目的地とは逆へ行ってるから！　いったん、現在地確認して引き返そう〜！

【お悩み35】

人と接する時に、本来の自分よりさらに馬鹿な自分を演じてしまいます。例えば、理想のタイプを語る際に、「イケメンで〜〜イケボで〜〜優しくて〜年収1千万で身長180センチ超え、まあ白馬の王子様とかかな〜〜！　あと100個くらいは挙げられる！」とか、オーバーリアクションしちゃいます。おかげで友達や職場の人からは、愉快で悩みの無い人みたいな扱いをされていますが、本当は超がつくほどの根暗で誰とも接したくないです。

（ちぇりこ　25歳女性）

【ポインティの回答】

嘘をついて、自ら孤独になっていく必要はないんだよ

いや最後（笑）。急にめっちゃ冷めるやん（笑）。

超がつくほどの根暗で、誰とも接したくないんだ。じゃあ「ちぇりこ」は**相当、人に気を使ってるというか、本来の自分よりさらに馬鹿な自分を演じてしまうんだね。**超がつくほどの根暗で誰とも接したくないのに、理想のタイプ……そんな風に言ってたんだね。**そのこじれ方、面白いけどね（笑）。**

ポインティね、1社目の会社にいた時は漫画編集者をしていて、作家さんが出してくれたものに対して色んな感想を返すわけ。

ある時ね、上司に「**佐伯は作家さんに褒められたくてメールを書いてるでしょ**」「**それじゃダメだよ**」って言われて。「バレちゃってたんだ……」みたいな感じになって、すごく恥ずかしかったの。

それで「じゃあ、どうしたらいいんですか?」って先輩に聞いたら、「めちゃくちゃすごく面白いものを描く作家さんとか、キャリアが長い作家さんには、編集者は一見必要無いように思えるでしょ? でも違う。1番最初に読者として感想を言うのが編集者なんだよ」って言われた。わかりやすく例えると、**どんだけ絶世の美女でも超絶イケメンでも、家を出る時には鏡を見る。鼻毛とか出てないか、チェックするでしょ?** それと同じなの。

つまり何かって言うと、「編集者はその時の鏡であれ」ってこと。

どんな相手に対しても、家から出ていこうとした時に「鼻毛出てますよ」って言えるかどうか。まあ、別に鼻毛じゃなくてもいいんだけど……。相手が出してきたものに対して、**「相手に褒められたい編集者」じゃなくて、「第一の読者」として、素直な感想を返すんだよね。**

「ここでこう思いました」「ここでこうなってびっくりしました」「ここでこう描かれてるのを見て、このキャラクターがもっと好きになりました」「ここ、ちょっと誤解しちゃいました」っていう反応を返す。**鏡のように素直に。編集者は第一の読者だから、読者としての目を作家さんには信頼してもらわないといけないから。**

これを「ちぇりこ」に当てはめて言うとさ、**つまるところ「ちぇりこ」は嘘をついてるわけ。**オーバーリアクションで、馬鹿な自分を演じてるなって自覚があるわけじゃん。そうすると、演じた自分をいくら好きになってもらっても、「ちぇりこ」は多分その人たちのことを好きにはなれないよね。

そうなっちゃうと**「やっぱり友達なんてできねえよ！」**って悲しくなるかもしれなくて。**こんな風に自分が演じてるものに引っかかっちゃうような人とは接したくねえわって。**もしかしたら、もうすでに思ってるかもしんないんだけど……。

だから嘘をついて演じるんじゃなくて、素直に、自分が感じてることを相手に、角が立たない形で言うのよ。

編集者が作家さんに何か言う時って、「いや、ここつまんなかったです」とは言わないわけ。だってそんなの嫌じゃん？　面と向かって言われたくないし。もし「ちぇりこ」が「いや、自分誰とも接したくないです」って相手に言ったら、「は？え、何それ」ってなるじゃん。「な、なんでそんなこと言うの？」って悲しくなっちゃう。

すぐには難しいかもしれないけど、**「ほんとはですね……根暗でして……。演じちゃうんです、偽の自分を……」っていうのをニヤニヤしながら言ってみるのはどうよ？**　そしたら「何この人（笑）」「面白いな〜！」って相手はなるじゃん。

「ちぇりこ」は今友達が欲しくないかもしんないんだけど、**演じていない素直な自分を出す練習をしないと、**友達できなくなっちゃうからさ、ね。

色んな考え方があるけど、どんな形状であれ友達っていうのはね、やっぱり人生に必要だとポインティは思ってる。どんな濃度であっても。

自ら孤独になっていく必要は無いからさ、ちょっとやってみて？

素直な自分、少しずつ出してみよ！

【お悩み36】

私は怒れないのが悩みです。嫌だなと思うことをされたり、言われれても、その場では言い返せず笑って流してしまいます。笑顔の絶えないポちゃんですが「これはキレたね、怒り狂ったね」みたいな出来事ありますか？　また、こうすれば怒りが出せるよみたいなアドバイスがもらえたら嬉しいです。ラブリー大仏ほわほわスマイルなポちゃんをこれからも応援します。癒しをありがとう！

（けき　28歳女性）

【ポインティの回答】

「怒った！」じゃなくて、「悲しい」なら言えそう？

ラブリー大仏……？
ポインティ、大仏だったんだ！（爆笑）

怒れないのが悩みなんだね。**正直、ポインティは相〜当怒んないね（笑）。**
怒りっていう感情が欠落してるのかなって思うくらい。我慢してるとか、コントロールしてるとかじゃないんだよ。痛覚が鈍いからどんだけ辛いものでも食べられる人みたいな、何て言うか欠落に近いんだよなあ。

「けき」はさ、実は後になってイライラしてるのかな？　ポインティは逆に、友達に怒りっぽい人や感情強めな人が多いのよ。凸凹コンビみたいだね（笑）。で、**男女問わず怒りっぽい人やイライラしがちな人を見ていると思うんだけど、「反射神経」がすごくいいよね。**ッパーン！ってキレるし、ッパーン！ってイライラする。とにかくすげえ早い。

多分、**脳のシナプスがパンパンパンパンパンッ！　パ――――ンッ！　って電流が繋がりまくって、「うわあああああああッ！」みたいな感じなんだろうね。**そういう人たちはやっぱり、普段からイライラしてるんだと思う。「あれ、今イラッとしたな」みたいな感じで、そのシナプスを繋げていってる。

それで、ポインティの怒りについてだけど……。怒り狂ってキレちゃったエピソード……、本当に少ないな。なんだろな。

高校生の頃、ポインティが席を外している時に、友達がポインティのお弁当の甘いおかずとしょっぱいおかずを混ぜてたの。普段からしょうもないいたずらをいっぱいしてるやつだったからさ、席に戻った時に「もう、本当にこういうの面白くないよ」て言ったの。んで、**「君のいたずらで、面白いと思ったこと1回もない！」って畳みかけちゃったね。**もうお腹が空きすぎてて。しょうもねえ〜〜〜（笑）。

ポインティ、なんか笑っちゃうんだよな。ウケちゃうの。「面白い」が勝っちゃう。**でも怒りには、悲しいっていう感情がその奥にあったりするから、**多分それは感じてるんだと思う。……でも怒るのはほんと苦手だったなあ。

怒るんじゃなくて、「それ嫌だ」「そういうのは悲しい」とかなら、反射で返せるんじゃない？　すごく素早く「今の悲しかったです」って言える練習してみる？　それなら「けき」にも言えそうじゃないかな。面と向かって伝えたら相手も「わ、ごめんごめん！」ってなると思うから。

【お悩み37】

私は人間関係でずっと言いたいことがあってもその場で言わず、それが溜まってもう全部嫌になった時に、何も言わずに離れるタイプです。余計な揉め事を起こしたくなくてそうしてきましたが、その時その時に言っていれば、なくならなかった関係もあったのかなと最近思ってきました。この性格、やはり直したほうがいいでしょうか。

（白川郷　20歳女性）

【ポインティの回答】

自分と相手、2人の間にある問題を一緒に拾ってみよう

「白川郷」は「なんかやだな〜、やだな〜」って〝**嫌だなポイント**〟**が溜まりきった時、「ンもうッ！　ダメだ————ッ！」**ってなる感じだと思うんだけど……。

人間には「よく揉めるタイプ」と、「あんまり揉めないタイプ」がいます。よく揉めるタイプっていうのは、**自分が正しいって思う力が強い人**のことね。「そんなの間違ってる。こっちが合ってる。白黒つけるぞ！」って感じ。あんまり揉めないタイプっていうのは、それこそ「白川郷」みたいに**「揉めるのやだな〜」とか「いや、そこに労力割きたくないな〜」っていう人**たちね。

「白川郷」が、「うーんちょっとなー……」っていう時、「言う／言わない」の2択で「言わない」を選択してきたってことは、おそらく揉めるタイプの人が身の周りに多かったんじゃないかな。

今、「白川郷」は二十歳じゃん。中高生の思春期はみんな不安定だから、その分揉めるタイプが多くいたかもしれないよね。でも意外とね、「いや、もう揉め事は……」って感じで揉めるのを避けようとする人とか、「気にせず、なんでも言ってね～」って話しやすい人とか、「揉めたりしても、そういうのであまり傷つかないんだよね」みたいな人が世の中にはいるから。**色んなタイプにこれから出会っていけるよ。**

例えばね、よく遅刻してくる友達と待ち合わせしてる時。その友達が遅れて来たから「毎回毎回、遅刻しないでほしいんだよね（怒）」って言うと、向こうが「は？

何？」って返してくることってそうないじゃん。遅刻するほうが悪いんだからさ、多くは「うわ！　ごめんね！」って申し訳ない感じになる。

で、そこでもう一歩踏み込んでみる感じでさ、**揉めに行くんじゃなくて、2人の間に落ちている問題を一緒に拾うようにしてみようよ。**「じゃあ遅刻しないためにはどうしたらいいんだろうね」とか「集合時間を少しずらしてみようか」っていう感じ。よく揉めちゃうタイプ相手にはこの感じでいいと思う。「白川郷」は揉めたくないいんだから、ね。

「いやもう、自分の性格が良くないのか〜（泣）」って思うのはまだ早い。

まあまあ、まだ焦る時間じゃないよ！

【お悩み38】

大学では3人グループで仲良くしています。グループの子1人1人のことは好きなのに、グループでいると比べてしまったり、ノリを合わせるのが大変だったり、今の自分は誰かを仲間外れにしていないか、されていないかなど色んなこと考えてしまい、どうしても疲れてしまいます。疲弊しない上手な距離感の保ち方を教えてください。

（キーウィ大爆発　20歳女性）

【ポインティの回答】

君には「サシ」が向いている。相撲に持ち込め！

これはね、「キーウィ大爆発」は多分、**「サシ」が向いてる人なんだよ。**

学生生活とか社会人生活とか、人によってさまざまな人生経験を積んでいくとさ、コミュニケーションの取り方とか形が明確になってくると思うんだよね。「キーウィ大爆発」は**一緒に過ごす人数が増えると、どんどん考えることが多くなっちゃって、普段の自分の良さが出せなくなっちゃうんだと思う。**

グループの良さみたいなのは、そういうのを楽しみたい時だけでいいから。

「3人で遊ぼうよ」とか言われても、「ごめん、ほんとちょっとめんどくさいやつなんだけど、私■■ちゃんとサシがいいんだよね」「2人だともっと喋れるし、2人で会うのどうかな？」みたいな感じで、**全部サシに持ち込もう。**「自分、人とはサシで会いたいタイプで」って言ったほうがいいよ。

ポインティの友達にもいるよ〜。「ちょっと大人数苦手なんだよね」って人。ある日、偶然道でばったり会って、「飲み会、これから一緒に行かない？」みたいになったんだけど、「ちょっと俺、4人以上無理だわ〜。帰る！」って言ってあっさり帰っちゃった。

そういう時って、「あっ、こっちもごめんね！　向いてないこと誘っちゃったわ」みたいな感じになるから、**変な禍根は残んないのよ。**だから「サシで会いたい」「あなたともっと喋りたい」って言ってこ。それで悪い気する人いないからね。

1対1に持ち込む。相撲よ。

「私、サッカーじゃなくて相撲なの」って言ったらいい（笑）。そうやって相手から言われて、「えーっ」て思う人いないって！

この宣言、いわば自分の「トリセツ」だよね。自分のトリセツを相手に渡してあげてくださいよ！　**……トリセツを教えてくれてありがとう、西野カナ。**

【お悩み39】

子どもを叱る時に手が出てしまうことがしばしば。その度に後悔しています。自分の親が口より早く手の出る人だったので、そうならないように、ならないようにと意識していても、我慢の限界が来る時があり、手をあげてしまいます。

アンガーマネジメントとか、そういうのは散々調べてこの体たらくなので、この際、手をあげてしまった後にどうすれば心を落ち着けることができるか、ひとつ考えていただけませんか。

（焼肉屋のラーメン　31歳男性）

【ポインティの回答】

力を制御するための力をつけよう

これ難しいのが来たね。お悩みに答える前に、ポインティも調べてみたりしたんだけど。子どもを怒る時や叱る時に、ちょっと叩いちゃったとか、ぶっちゃったたってことは、現実問題としてあると思うんだよね。

もちろん「叩くなんてもってのほかです！」っていうのは、多くの記事や書籍で述べられてて、それが正しいのはわかるんだけど……。実際には、子育てって神経がすごくすり減るし、寝られなかったりもして。**肉体的にも精神的にも追い詰められたりするよね。**親になったからって急に寛大な人間になれるわけじゃないのに、急に色んなことが起こって、しかも子どもは言うことを聞かなくて……みたいな。

で、なんでこんな風に言ってるかっていうと、**ポインティ、めちゃくちゃマイペースでいたずらっ子だったの。親を結構ブチ切れさせてた**（笑）。

小さい頃、駐車場に敷いてある敷石をさ、白くて綺麗かどうかを選別して、綺麗じゃなかったらブンって後ろに投げるってことをやってたわけ。で、投げた石は後ろにある車に当たってるから、親は「コラ――――ッ！」って怒ってた。ガッて首根っこを摑まれて、「ダメでしょ！」って。

今思うと普通に、「そりゃ〜手出るやろ」みたいな所業が多すぎたね。**けど、親に「うわ、あの時に理不尽な暴力振るわれたわ……」とかは全然思ってない**（笑）。

でね。そういう自分の過去も振り返りつつ記事とか本とか調べてみたら、親子のカウンセリングを行なっている臨床心理士の先生がこう言ってた。「危ないとか、どうしてわかってくれないのとか、不安、戸惑い、焦りといった感情をうまくコントロールできない時に、つい手が出てしまうのだと思います」とね。**で、「叩いた後に**

罪悪感持ったりとか、自己嫌悪に陥っちゃったりする親も少なくありません」って。

「しつけと虐待は全然違う」んだって。

大前提として、しつけっていうのは成長のために必要なルールや社会性、自立性を子どもに身につけさせること。一方で虐待っていうのは、子どもを力でねじ伏せたり、怒りのはけ口にしたりすることなんだって。怒りを発散させるために子どもを使う、自己中心的な暴力が虐待。だからしつけとは、まずもって全然違うものですよって書いてた。そして、「子どもの将来を考えると、時には厳しく教えないといけない場面もあります」って。

とは言え、「焼肉屋のラーメン」も「**いやもう、手なんて出したくないよ！」って絶対思ってるはずなんだよね。**後悔してるみたいだし。自分の親が口より早く手が出る人だから、「そうなりたくなかったのに！」っていうのもあって、すごく辛いんだと思う。**自分もかつて、そういう風にやられたから嫌だったんだろうし。**

そこでね、「それしないほうがいいよ」じゃなくて、ポインティはもう1歩踏み込んで考えてみようと思って！ 結論だけど、もしかしたらアンガーマネジメントとか、6秒空気を吸うとかよりも、**空手とか柔道とか、何か武道をやったらいいかも。**

なんでかって言うと、**すごく強いパワーを持ってる人ほど、そのことに対して慎重になるわけよ。**ポインティの友達でも喧嘩っ早い女性がいて、本当は夫と喧嘩したいと。でも、夫が格闘技経験者だから全然喧嘩してくれないって言ってる。

それってつまり、力を制御できてるんだよね。武道とか格闘技って心も関連するし、力が強まったりとか技が極まったりしてくる時に、それを制御するのも大事になってくるから。……「**スター・ウォーズ」のジェダイみたいな話なんだけど。**

ポインティも身長180センチ、体重110キロだから、あまり威圧感を与えたくないなとか思うわけよ。歩いてる時に前に女性がいたら、夜道だとなるべく真後ろじゃない、違うレーンを歩いて通り過ぎたりとかするのね。

自分には相手を威圧しちゃうかもしれない要素があることをわかっていると、周囲に対して慎重になるっていうのはあると思う。だから、「焼肉屋のラーメン」も空手とかやったら心技体を教わることになるし、そうすると**「自分は絶対に手は出ないぞ」っていう人間になれそうかも、**と思ったんだよね。

「無意味に力を振るわないために、逆に力をつけて制御する」っていう。ジェダイでお願いします（笑）。

【お悩み40】

39歳未婚、こつです。最近、会社の同僚のことを見下してしまう自分がいて、自己嫌悪に陥ります。自分だって完璧じゃないくせに、棚に上げて、心で悪態をついちゃうんです。結局何が言いたいんだよ!? とか、自分で決断できないの、グズかよ! とか。歳を重ねるごとに人に優しくなれず、思いやりが持てていない気がして、そんな自分に荒(すさ)みます。どんなことを意識したら心穏やかにいられるのでしょうか。

（こつ　39歳女性）

【ポインティの回答】

心の中に「裁判所」作ってみな

「グズかよ!」って言うたね〜〜〜、「こっ」〜〜〜。**もうそれ、荒くれ者の語彙だよ(笑)。**荒くれ者たちの酒場の声。「オイ!　早く帰ってママのおっぱいでも吸ってなァッ!」ってね。**ハハハハハハ(爆笑)。**

自己嫌悪に陥る理由はわかるのよ。**やっぱり人のことを見下したりとか、心の中で悪く言ったことって、そのまま心の中で反響して自分に返ってくるから。**自分で自分に「おい、グズかよ!」って。

過去に放った自分の声が、やまびこになって届きます。それが、「こつ」を蝕んでいます。

「こつ」におすすめなのは、つい何か嫌なことを言っちゃいそうな時に、**心の中に裁判所みたいな、ディベート場みたいなのを建ててみること。**そこで「でも、彼はこんなに素晴らしいところがあります」「いや、でも彼女は以前こういうことをしていて、こういうところが素晴らしかったです」みたいな感じで、**自分の考えに対する反対意見もセルフで言っていこう。**

コインの表裏と一緒で、**人間にもいいところがあれば、悪いところもあるから。**だから反対意見も立ててみて、その声も聞くようにしよ。

そうすると、過去の「グズかよ!」っていう声が「こつ」自身のところにやまびこになって聞こえだした時、「いや、でも私にはこんなところがあって、こういういいところもある」って思えたら、「グズかよ！」は遠ざかっていくよ。

自分の中でネガが出ちゃったら、ポジティブなほうも見てみよ。

ポジティブなやまびこも反響させましょう〜♪

【お悩み41】

グループワークなどでいつも進行役やリーダーを雰囲気でやらされます。本当は人をまとめるとか、人の上に立つとかしたくないんです。副リーダー的なポジションがほんとはいいんです。ポジション取りをうまくするコツありますか？

（ききららのさき　18歳女性）

【ポインティの回答】

「リーダー顔」のヤツを見つけるか、己の統率力を偽装するか

すごいね。「ききららのさき」はきっと**リーダーの顔をしてんだね。**

「ほんとは人の上に立ちたくな〜い（泣）」「……でも、立つならば……（キリッ）」みたいなね。「ききららのさき」はしっかりしてるんだろうね。身の周りの同年代と比べても、多分めちゃくちゃしっかりしてるんだよ。

今18歳でしょ？　今後どうやって生きていくかって時、本当は副リーダーになりたいわけじゃん。右腕とか参謀とか。つまり『ONE PIECE』で言うとゾロになりたいわけよね。でもゾロも普通にしてると「ゾロさーん！（慕）」ってなっちゃう。

だからどうにかして、リーダー顔のヤツ、ルフィっぽい顔のヤツを探そう。「もうまとめちゃってくださいよ〜〜〜」「上に立っちゃってくださいよ！　サポートしますんでっ！」みたいな感じで、自分も**ちょっとゾロっぽい顔になっていこう。**

やっぱりさ、経験が表情を作るから「ききららのさき」から雰囲気が出ちゃってるんだよ。統率力、リーダーシップ、「私についてきなさい」っていうのが勝手に備わっていて、それが出ちゃってる。思ってなくても、**人はそこに惹かれて集まってきちゃうのよ。求心力ある〜（笑）。**

ポジション取りをうまくするコツっていうのはね、「リーダーを立てる、リーダーっぽいヤツを立てる」っていうのと、ほんとにやりたくないなら「できないできないアピール」をすることだね。雰囲気に打ち勝つぐらいのおっちょこちょい、リーダー向いてないですアピール。

たとえば修学旅行で班のリーダーにさせられそうだったら、「私、しおりとか全部忘れちゃうタイプで」「もう印刷とかな～んもできないんですよね」「時間もわかんなくて、もうなんもかんもできなくて」「**そもそもリーダーってなんなんですかね？？？**」って。**ハハハハハハ（笑）。**

下げに下げて、己の統率力を弱めるような言説を自ら広めていこう。

「この前アイス食べてたんですけど、もう全部下に落としちゃって」みたいな。そこまで言っても、「そんなおっちょこちょいでも、ぜひリーダーに……」ってなんのかな。うわ～やばいね（笑）。

うーん、これは選ばれしリーダーの宿命かもしれない（笑）。だったらもう、自分よりもリーダーっぽい顔の人を探すのが1番だね。

ある日のポインティ

初公開!! これがポインティの日常だ!!

▼11時30分

ポインティの朝は遅い。なぜなら前日までKindleでセールになっていた『キーチ!!』を、横になってド深夜まで読んでいたから。新井英樹の漫画は本当にいつ読み返しても面白い。もう寝ないといけないのに……! って思いながら「次! 次が読みたいぃ!」ってなって。〝面白い〟が原因で夜更かしするのって幸せだよね〜。

▼11時35分

まず起きたらお風呂！　寝汗で湿り気がある身体をシャキッとさせなきゃ、1日が始まらないよ！　でもすぐには行けないから、Lawrenceの〈Guy I Used To Be〉を再生しながらお風呂場へ。こういう時は洋楽！　映画の中の、テンポよく日常が進んでいくシーンみたいになるから。まあお風呂場行くと、もう音楽聞こえないんだけど。入りの勢いが大事だからね。

▼11時38分

最近薬局で買った「ホネケーキ石鹼」で顔を洗う時が楽しい。明らかにパッケージには「Honey Cake」って書いてあったけど、ホネケーキって読むらしい。名前が変だし、見た目が宝石みたいで可愛いから買ったんだけど、買った後にネットで調べてみたら30年以上前から売ってる資生堂の隠れた名品って書いてあった。直感で買ったものが人気だと「（自分、見る目あるわぁ〜）」って嬉しくなる。

▼11時53分

お風呂から出たら、大体お昼ご飯どきになってる。2日前に「卵の賞味期限が切れる〜！」ってなって、「卵　大量消費レシピ」で検索して作ったひき肉チーズオムレツが冷蔵庫にあったので食べる。おいし〜！

意外とポインティは料理をする。スーパーで野菜を買ってる自分が健康的で好きだからかも。でも大体賞味期限がやばくなった時に、一気に大量に作る。料理でも遅刻してる〜（笑）って思いながら作ってる。

▼12時23分

「さあ動画を撮るぞ〜！」。Amazonで買ったリングライトとスマホスタンドを置いて、いざ！　っていう時に、X（旧Twitter）で面白いツイートを見つける。そこからLINEにInstagramにTikTokに……アプリを縦横無尽に移動する驚愕のスマホいじりタイムが始まった。

平日は毎日、2分の動画を2本撮ることにしてて、撮影自体は一瞬なのに、撮るまでがマジで長い。集中するためのルーティーン、とかではない。本物の怠惰。Xで「脳はやり出したらやる気が出る、だからまず手を付けると気付いたら集中してる」みたいな投稿を見たことあるけど、じゃあやり出さなければやる気が出ない、とも言えるのでは？

▼14時45分

やばい、マジでTikTok観るのやめないと。

▼15時37分

まあまだ四捨五入すると14時、みたいなところあるか。……いや、ないか。

▼16時16分

「地面師たち」のネタツイ面白いな〜（笑）。

▼16時22分

もうそろそろ、マジで動画撮らないといけないって思ってる。16時が17時になる頃には撮るぞ。ってことは39分ぐらいまではこのままいけるか……？　お昼ご飯を食べた後に終わらせとけば、この2時間で別の作業ができて、その作業が終わったら本とか読めたのに〜〜！　いやでも、その分ネットの面白投稿に触れたか。そういうのも仕事のインプット、とも言えるし。別に無駄ってわけでもないんだよ、ポインティ。

▼17時30分

ガチでやばい。20時から友達と遊ぶのに、明日までにやらないといけない作業と送ったほうがいいメールと取材リストの確認と郵送したほうがいいものがある……。でも全部音速で終わらせたら間に合う、はず。今しかない。やるんだな！　今ここで！　ポインティ!!

▼17時58分

動画撮り終わった〜！　いやもう、撮ると一瞬で時が過ぎるね！　やりだしたら集中する、って本当だな。……ってか外が暗い。さっきまで明るかったよね!?

なんかこういう感じで、全ての仕事がどんどん後ろ倒しになってる気がする。遅刻はドミノみたいなもので、どこかで挽回しないと遅刻が遅刻を呼び、遅刻し続ける。『呪術廻戦』で主人公の虎杖悠仁(いたどりゆうじ)が「一度人を殺したら『殺す』って選択肢が俺の生活に入り込むと思うんだ」って言ってたけど、本当にそう。一度「遅刻する」って選択肢をとったことによって、生活に遅刻が入り込みまくってる。

▼18時15分

こうなったら必殺、家の近くのカフェ！　カフェだと仕事ができる。なぜならコーヒー代を払ってるから。お金を払うなら飲み放題は飲んだほうがいいし、カラオケは歌ったほうがいいし、旅館の朝食バイキングは食べたほうがいい。それと同じで、コーヒー代を払うなら絶対に仕事したほうがいい。

家賃を払ってるから家で仕事したらいいのでは？　と思うけど、家は生活をする場所だもんね！　というわけで、カフェでぐんぐん仕事が進む。

▼19時29分

都内中が全部30分で移動できたらいいのに〜！　と思いながら電車で移動。その間「ごめんなさい！　20時34分に着きます!!」と遅刻の連絡。遅刻で大事なのは、謝ることと着く時間を明確にすること。友達の家でボードゲームをするんだけど、他のメンバーは揃ってるみたいなので、まあ致命傷の遅刻じゃないか！

……だけどそれは顔に出しちゃいけない。「遅れても大丈夫」と思うなんてもってのほか。「早く着きたかったけど仕事が……ネ！」という申し訳なさのスパイスが大事。もうこの時点では、スマホいじりタイムのことは思い出さないのもコツ。後半の仕事してる時間のことだけ、思い出す。こんなあけすけに書いて大丈夫なのかな。

▼20時37分

言った時間より少し遅れて到着。Googleマップって人が迷わない前提で時間を提示してくるんだよな〜と思いつつ、Googleマップのせいで！　とは言わない。絶対ポインティのせいだから。それはわかってるのよ。

▼23時45分

ドミニオン面白かったな〜！　よく遊ぶ友達とハマってるボードゲームなんだけど、カードゲームとボドゲのいいとこどり、みたいな感じで、誰にでもできて楽しくて永遠に遊べて、とにかく時間が過ぎるのが早い。足早に終電に乗る。

▼午前0時38分

終電で帰宅。でも0時台ってまだ1日が終わってない感じがするんだよね。絶対、前日に夜更かしをしたせい。まだ眠くないから、音楽をかけながら水野しずの『正直個性論』を読む。面白いな〜！　ほろ酔いで帰ってきて夜中に本読むのって、一番集中できるかも。ぐんぐん読み進める。

▼午前1時42分

……う、気付いたら寝てた。よだれが出てる。どんな面白い本でも眠気には勝てない。でも読書できてよかった〜！　仕事がトントン進んだら、もっと積読（つんどく）が読めるのにな〜。寝間着のTシャツに着替えて、歯磨いて顔洗ってベッドへ。なんか顔洗ったらちょっと、目が覚めてきた。よーし！　Kindleで漫画読んじゃうぞ〜！

#5

進路・夢

【お悩み42】

お母さんになるのが夢なんだけど、何から始めたらいいかな？

（あい　24歳女性）

【ポインティの回答】

これこそ「筋肉は裏切らない」だよ！

これは――ッ筋トレがおすすめ!!!（笑）

ポインティはさ、全然お母さんではないんだけど（笑）。

ポインティの友達の中には、結婚していたり子どもがいたりする人がいるの。そういう人と話してる時にね、ひょいって子どもを持ち上げたりとか、子ども2人抱えたり、担いだりとかしてるわけ。

それを見てポインティは「結構軽々と持つよね！」って聞いてみたの。そしたら

「子育てしてると筋肉つくんだよね〜」って言いながら力こぶ見せてくれたよ。たしかにお米袋を持つとか、子どもを抱きかかえるとか、ベビーカーを持ち運ぶとか、色んなシーンでありとあらゆる部位の筋肉を使うんだよね。

しかも、子どもってマジでエネルギーそのものなのよ。ポインティはときどき友達の子どもと一緒に過ごして、ちょっとの間だけ面倒見たりする時があるんだけど、ちっちゃい子って兄弟同士とかですっごい喧嘩するんだよね。**エネルギーが余ってるから、その焦げついた部分で喧嘩しちゃうんだと思う。**

だから、どれだけエネルギーを発散させてあげられるかが大事みたい。公園に行くにしても、「あっちの電信柱まで行って、様子見てきて！　そしたら、その様子を伝えにこっちに戻ってきてよ！」って子どもに言って、ポインティが電信柱に着く間に往復してもらったりとかしてるよ。**とにかく、なるべく疲れさせる。**その時は、**いかにゲージを削るか……みたいな感じになってた。**

抱っことか、高い高〜いとか、相撲するってなった時には、**筋肉がないと**

ぶっ壊れちまうよ！（笑）。だからまず、お母さんになった時に力を

存分に使えるように、筋トレ！これ、おすすめでございます！

【お悩み43】

夢の見つけ方が知りたいけど、いい方法はありますか？　子どもの時の夢を叶えて、それを超える次の夢が見つからないです。

（バリソース　32歳女性）

【ポインティの回答】

人に笑われてからが夢の始まりだ〜！

えっ。子どもの時の夢叶えたの？　すっごいじゃん！

子どもの時の夢を叶えた人って、どれくらいいるんだろう。すごいな。

ポインティの1番最初の夢ってなんだっけな……。「ドラマ作りに関わりたい」とかかな。で、高校生の時は小説家になりたくて、大学生のときは映画監督になりたくて……。就活では、なんかいい編集者になりたいなーって思って……。**こう、全部なぎ倒してきた結果、猥談をやることになってる（笑）。**別にね、猥談をやって食っていきたいって思ったことは1回もないんだけどね。**ハハハハ（笑）。**

夢の見つけ方ね〜〜〜。**夢って、そんなにぽんぽんと見つかる？**「バリソース」は行けるところまで相当必死で頑張って夢を叶えたのに、「今は休憩〜」みたいな感じじゃないんだね。すごいね！

一度夢を叶えた後も、そこからどんどん夢が溢れていくみたいなことって、そんなにあるのかな？やりたいこととか、叶えたいプランならわかるけど、夢ってさ……。「バリソース」は結構遠目に夢を設定して、ワクワクしたいのかな。夢を2個叶えるのもいいけど、**「夢が叶った側」として、人の夢を叶えるのを手伝ってみるとかどうだろう。**

あっ！　じゃあ、ここでポインティが最近びっくりしたこと話しま〜〜〜す。スマホの待ち受け画面がクリストファー・ノーランの人と、この間知り合ったのね。で、「あ、クリストファー・ノーランだ。面白いよね〜！」って声を掛けたら、**「私、クリストファー・ノーランを超えたいんです」**って。**その人、映像監**

督だったの。

それを聞いてポインティは「えっ、すげえ！」って感動しちゃって。**人類で最初に「月に行こう」って言ったヤツに出会ったような気分になっちゃった。**「クリストファー・ノーラン超えたい」って思う人、いるんだ!! 半端ねえ!!

だからそういう感じで「バリソース」も、**「いやいや、それ無理じゃない？」って人に思われるようなことを、夢としてもう1回掲げてみる？**「空に島があって、そこに行きてえんだ！」「うわあ、なーに言ってんだコイツ〜〜〜！」みたいな感じ（笑）。……これは『ONE PIECE』のワンシーンだわ（笑）。

「バリソース」の子どもの頃の夢も、「いやいや、それは無理じゃない？」「ちゃんと考えなさい」って親に言われてたんじゃないかな。友達には「へえ〜」って言われてたと思う。**「なんか、誰も『叶うよ！』って言ってくんないな〜」みたいなね。**

でもちゃんと叶えちゃってるから。**だから次の夢もさ、あの頃と同じような「叶わなそうなもの」を探しちゃいなよ。**

その探し方が難しいって？　いやいや、「叶わなそうなもの」を設定することはできるでしょ！　そしたら筋道も見えてくるって！

ブロードウェイに立ってみたいから、何がいけそうか、しらみ潰しに試してみるとか、温泉旅館を経営してみたいから継げそうな旅館に目をつけてみるとか。

多分「バリソース」が求めてる夢って、人に笑われるようなことだと思う。もし今後、自分の夢を言った時に「そんなの無理無理！」って人に笑われたら……。**夢の始まりだね、それは。**　それを言って夢が始まるなら、ポインティが言ってあげたいよ（笑）。

うーん、でもあんまりそういう否定的な内容を言ったことないんだよなあ。結構何でも応援しちゃうから。ちょっとやってみたいな〜。**「いやいやいや、な〜に言っちゃってんのォ〜〜!?」って（笑）。**こんなの、フィクションでしかあんま見ない人よね（笑）。

ぜひ、笑われるような夢を見つけてください。**笑われたらスタートです！**

【お悩み44】

将来社長になって自由にお金を稼ぎたいけど、ビジネスのためのアイデアが思い浮かばないんです。明るい話題に目をつけたポインティが大事にしている視点があれば教えてください。

（もふもふきゃんたろう　22歳女性）

【ポインティの回答】

身の周りの人の声に、ビジネスチャンスが潜んでる

……何で稼ぐかはわかんねえけどよぉッ!!

いいねぇ〜〜〜めっちゃ明るいじゃん! 明るい社長(笑)。初めてかもな、ポインティが活動してて、こんな珍しい質問来たの。

ポインティは最初から猥談をしていたわけじゃなくて、一応始まりは社会人だったんだよ。

会社員ポインティのある日、当時勤めてたコルクっていう会社の代表の佐渡島(さどしま)さんと、漫画家の安野(あんの)モヨコさんが2人で雑談してたらしくて。「**佐伯ってほんとに**

エロ好きだよね〜」「エロと自分が好きだね、そういう会社作ったらいいのにね」って。ポインティは後日、その話を佐渡島さんから聞いて、考えたことなかったけど「それいいな〜」って思ったのよ。

性産業に対して思うこととかもあったし、性的なコンテンツに男尊女卑っぽいものが多いことに対して「どうにかならんかね〜」って考えてたから。もし起業するなら、もっとエロを日常的にハッピーに楽しめるものがいいな、そういうジャンルがあったらいいな、**……エロの総合商社みたいな会社いいかも！**みたいな感じでやりたいことを広げていったのよね。

とは言え、この時点で何を事業にするかは全然決めてなかった。そんな時に女性の先輩がこんな話をしてくれたの。「最近めっちゃおもろいワンナイトしたんだけど、その話を男友達にしたら、私が誘ってる、みたいに思われちゃって……。勘違いした相手から口説かれちゃったんだよね」

その先輩は「いやいや、ただ面白い話したかっただけなんだけどなあ」って言ってて、それを聞いて**「……これって、もしかして『ニーズ』ってヤツなんじゃやねえの？　よくわかんねえけどよォ！」ってポインティは閃（ひらめ）いたわけ。つまりこれは、「安心して猥談だけを楽しみたい」という〝ニーズ〟なんじゃや……？　ってね。**

ポインティもそのニーズに対して「すげえわかる！　いいよね！」って思ったから、猥談バーを作ってみた。

「世の中にありそうで無いもの、まだ無いもの」があって、かつ「こういうの欲しいな」っていう人の欲求があるじゃん。それがうまく組み合わさった時、起業とか開発の種が生まれそうだよね。欲求のほうは自分から出てくる場合もあるし、他人から出てくる場合もある。**だからとにかく「人の声を聞く」。これが大事！**

それと、ポール・ホーケンっていう人が書いた『ビジネスを育てる』っていう本を読むのもおすすめ。ポインティも人からおすすめされて読んだ本だよ。「名著復刊！　50以上の国で読まれ、世界200万部突破。出版から約40年読み継がれるスモールビジネスのバイブル」って説明が書いてある。「もふもふきゃんたろう」、めっちゃ読んだほうがいいじゃん！

この著者は、園芸、ガーデニング系の商品を中心とする会社を設立して上手くいった人で、本には「小さく始めようよ、せっかくなんだから自分らしいものをやろうよ」みたいなことが書いてあって、**なんかすんごい楽しげなの。**いい本だからぜひ読んでみて！

「もふもふきゃんたろう」が、こういうのあったらいいのにな〜って思ってることとか、身の周りの友達や先輩後輩、親とかが言ってた「こういうことないかな〜」

ってことに案外ヒントがあったりすると思うよ。

「もふもふきゃんたろう」は将来社長になって頑張ってください！　**その時にはね、ポインティにね、イメージキャラクターのご依頼を……待ってます。急に未来に種を植えた。ハハハハ（笑）。**

【お悩み45】

ポインティさんへ。27歳フリーターです。2年前まで芸能活動をしていたのですが、夢破れて全てを諦めました。今現在に至るまで、何に向かって生きているのかはっきりしないまま生きています。このままでいいのかなと、漠然とした不安に襲われます。ポさんにとって、生きる意味やモチベなどがあったら教えていただけますと幸いです。笑顔のポさんの動画を見て元気をもらえています。これからも楽しみにしていますが、ご自身を1番に！（朝からすためし食べました　27歳男性）

【ポインティの回答】

今は「夢と夢の間」にいるんだよ

ありがとう……。

「ご自身を1番に！」って、良い感じに締めちゃってる（笑）。

ポインティには、生きる意味とかモチベとか何か大層なものはなくてね。ただ目立ちたがり屋だから、自分の活動はどうやったら広がっていくかな〜とかいっつも考えてるよ。

大好きな『呪術廻戦』に「広げろ!! 術式の　解釈を!!」っていうセリフがあるんだよね。**ポインティも「術式の解釈を広げたい」と思ってる（笑）。**

どういうことかって言うと……。ポインティはYouTube活動をやってるから、1人で話すことって結構できちゃうな～、楽しいな～って思うじゃん。そこから、じゃあみんなから何かを投稿してもらって、それにリアクションするっていうのはできるな～と。じゃあもっと時間を長くしたらラジオもできるかもな～！　みたいな感じでどんどん広げていったんだよね。**これが「術式の解釈が広がってる」感じ。**

だから、ポインティの生きる意味やモチベは、「佐伯ポインティっていう自分を、どうやったら楽しませられるか」と「面白い話が聞けたり、面白い人と喋れたり、面白い作品に触れたりしたい」っていう、この2つかな。「大豪邸に住みたい！」とか「犬を4匹飼いたい！」とか具体的なものはないんだよね～。

「朝からすためし食べました」は2年前まで芸能活動をしてて、夢破れて、全てを諦めましたっていう、夢が1回終わった状態なんだよね。ポインティも高校生の頃、小説家になりたくて作品書いてて、「これで賞取ったら、もう受験なんてしないで小説家デビューしてやる！」みたいな感じだったの。そしたら一次選考も通らなかったから、「も〜うだめだこりゃ。な〜に書いてんだ！　受験受験！」ってなったけど……。「やっぱ一次選考も通んないか、なんかそんな感じしたな！」って、**ちゃんと悔しい感じにはなったよ。**

それで大学の時は「映画撮ってみたいな〜」っていう気持ちになって、撮ってみた。ところがさ、映画の現場って「用意、スタート！」した後は、めちゃくちゃ静かにしないといけないんだよね。空調も切ったりするんだよ！　でも俳優の人たちはめっちゃ喋ってるから……、**ポインティはそれが羨ましくなっちゃったんだよね。**

「これ、ずっと黙ってないといけない仕事なんだ」ってわかっちゃった。沈思黙考が向いてる人の仕事やね、映画監督は。

笑い話っぽくなっちゃったけど、**こういうことって、実際にチャレンジしてみな**

いと気付けないんだよね。夢を追っては破れ、追っては破れ……みたいな感じで。**だから、夢と夢の間、つまり「やりたいこと、今見つかんないなー」みたいな時は、種まきの時期だと思ってさ！**「なんか見つかるかもな～」くらいの気持ちでいいと思うよ。

「朝からすためし食べました」は夢破れて、全てを諦めた……。これつまり、それだけ「ダメだ――――ッ!!」みたいな時があったわけじゃん。それって人と比べても、結構激しめのショックだと思う。**けど多分、だからこそまた見つかるよ。**

で、見つかってない期間を上手に過ごせるようになるのが、今は大事！

ずっと咲いてる花はない。ずっと実ってる田んぼはない――。

そう思って、今はゆっくりしときな！

ポインティになるまで

佐伯ポインティになってから、もうすぐ7年が経つんだよね。

7年前を境に、それまでの人生とは名前を変えて活動してきたわけだけど、ポインティになる前はどんなキャラクターだったのか気になる読者もいるかもしれないので、ちょっと過去編に突入するね。

それじゃポインティの人生ダイジェストをどうぞ！

まずはエケチェン時代。

父ンティが単身赴任していたので、母ンティの実家で過ごしていた時期があるんだけど、そこにはひいおばあちゃん、おばあちゃんとその妹（大叔母）、母ンティとその妹（叔母）……と多くの家族がいて賑わっていた。ポインティはそんな女系家族たちのアイドルとして幼少期を過ごしてたらしいんだよね。立っても座っても、ご飯食べても寝ても、ずっと「キャーッ!! ポちゃ～んッ!! 可愛い～っ!!!!」みたいな状態だったって。ポインティが多くの人からのリアクションが欲しい、みたいなモチベが強いのはこの原初の記憶が理由だと思う。

保育園に入ってからは、既にむちゃくちゃ保育士の先生や親に怒られてた記憶がある。

マジで何もわかってない年頃だった。当時住んでたマンションの敷石が綺麗だったから、「これが目の前に降ってきたらステキかも!」という理由で、階段を降りていく母ンティのママ友たちに向かって石を降らせたことがある。その時はすごい剣幕で母ンティに「人に石を投げるな」って怒られたよ。原始人に対する説教みたいだよね。

そういうことが多発してた。でもこの時から「怒られが発生している……」みたいな感覚だったと思う。ルールを破っちゃった……って落ち込むというより、そっちにはそっちのルールがあるのね～っていう感じ。今思えば、妙に達観した園児だったね。

そんなわけで、悪気はないけど、怒られがキだったポインティ。

それが少しずつ変わっていくきっかけになったのが、父ンティの海外転勤だったと思う。オランダとイギリスに2年ずつ、計4年間を海外で過ごしたんだ。

その当時は、自分より年上の人と話す機会が多かった。海外転勤組の日本人コミュニティの中で、お兄さん、お姉さんと遊ぶことが多かったし、家に父ンティの仕事仲間がよく来てたから。あとは、お外で自由に遊べない分よく読書をしたね。

突然だけど、犬って生後8週までの間に触れた刺激で社会性が身についていくらしいんだけど、これって意外と人間にも当てはまる気がしてて。ポインティはこの時期に色んな大人や年上の子と話したり、転校が多かったりしたことで、話すのが好きな社交的な性格になったのかなーって思う。

で、小学4年生の時に日本に戻ってきたポインティ。

周りにいる人全員に日本語が通じるのが楽だったり、海外でお兄さんたちに借りて読むしかなかった少年漫画が身近だったり、遊戯王やポケモンの最新情報が手に入ったりと、とにかく嬉しかったのを覚えてる。この頃から日本の漫画、アニメ、ゲームが好きだったね〜！　海外にいて自由に触れられなかった分、そのありがたみを感じてたのかも。

そのまま地元の小学校に転入したポインティは、帰国子女って言葉からはほど遠い仕上がりだったから、クラスに馴染(なじ)むのがスムーズすぎた。小学校を卒業した時の思い出話で「1年生の時の遠足でさ〜」って話になった時、「え！　佐伯もいたじゃん〜！」って言われたけど全然いなかった。それぐらい馴染んでたんだね。

中高は高2まで男子校で、高3で共学になるっていう、どっちも楽しめる不思議なシステムの学校だったんだけど、ポインティは部活の友達からクラスのオタクくんまで幅広く仲良くしてた。

色んな個性の人と友達になるのが好きになったのはここぐらいかな。ポインティ自身もしっかり部活に行くし、お調子者たちと一発芸大会もするけど、一方では家で小説を書いてみたり、オタクくんに「涼宮ハルヒ」シリーズ借りたりしてたし、なぜか気に入られて一緒に登下校するヤンキーの友達もいた。漫画みたいだよね。ある日ヤンキーくんは拳(こぶし)に包帯をしてきたので、ヤンキーっぽい！　と思って理由を聞いてみたら、「電柱がよォ……邪魔だったから倒そうとしたら負けたわァ……」って言ってた。マジ半端無いなって思ったね。

大学に入ってからは混沌としてた。自分が選んだ専攻とかゼミは面白かったんだけど、社会に出るタイムリミットが近づくにつれて、どういう風に仕事して人生歩もうかなーって感じで、しっちゃかめっちゃかに試行錯誤してた。

就職に有利かも!? と思って、数百人規模の中小企業みたいな広告研究会っていうサークルに入ったり、映画撮るサークルに入ってみたり、変な居酒屋のバイトとか新聞の契約更新勧誘のバイトをしたり、いきなりインターンと称して奄美大島の塩工房で2週間働くことになったり……。

今思い返すと、自分にはドラマチックな生い立ちとか、どうしようもない怒りとか孤独とか、そういう〝人生でやりたいことが生まれる背景〟みたいなものがなくて、それを何とかして見つけたくて必死だったんだと思う。ただそれまでを楽しく生きてきただけだったから、コンプレックスが無いことがコンプレックスだったのかも。

それでも働き始めてからは、色んな大人と真剣に話したり、自分の経験値と見識が増えて大人になっていくにつれて、コンプレックスが薄いこととか、孤独を感じづらくて友達が多いこととか、あんまり怒らなくてご機嫌だったりする自分って、めっちゃいいじゃん～！　って少しずつ思えるようになったんだよね。

とは言え、「怒りとか孤独とか無い……コンプレックスも無い……終わった……」っていう気持ちは変わらずあった。人生にはそういうのが必要だと思ってたし、とにかくかっこいいクリエイターになりたかったの（笑）。

そんなポインティが「自分にはクリエイター向いてない！」って気付いたきっかけとして大きかったのは、社会人1社目で編集者になったこと。ベテラン漫画家を筆頭に色んな作家さんと接したことかな。

ここでいうクリエイターは物語を作る人のことなんだけど、物語を作る人ってよく「キャラクターが動く」って言って、本当に存在する友達とか知り合いみたいな感じでキャラのことを話すんだよね。「○○は多分こう考えてて……」って言ったりしてて。

いや、自分で作ったキャラだし自分で考えてる展開じゃん！　ってポインティは思ってたんだけど、物語を作る仕事が向いてる人は、多分現実と同じぐらいの密度で自分の中に物語世界があって、そこに色んなキャラがいて、それを観察できる人のことを指してる。孤独に向き合って、世界に出力し続ける仕事なんだなって理解できたんだよね。……知れば知るほど、向いてない!!　って思った（笑）。

ちょっと抽象的に、集合写真でたとえてみる。

ポインティにとって高校で小説を書いたり、大学で映画を撮ってみたりしたのって、創作活動がしたい！　自分の中の世界を外に出したい！　っていうより、「どうにか集合写真で目立ちたいから前に出る！」みたいな行為だったんだなって思うんだよね。独創的でかっこいい目立ち方できないかなー!!　っていう。

新卒ポインティはたくさんの作家さんと関わったことでそこへの憧れを諦めて、集合写真で無理して前に出るのやめたよ。向いてないことはしないほうがいいからね。でも、猥談を楽しく話すこととか、友達の話にリアクションするのは向いてたから、それはやり続けたの。そしたら、集合写真で前には出てないけど「いい笑顔で笑ってるね！」って言ってもらえることが増えていった。そんな感じなんだよね、ポインティの活動って。

自分は大したことないと思っていたり、良くないから改善したいと思っている特徴も、人にとっては羨ましかったりするもんだよ。

ポインティは友達が多いほうだし、比較的人に好かれるタイプだとは思うけど、そうじゃなくて孤独な人とか、頑固すぎて友達が少ない人を見ると「かっこいいな……」って思っちゃう（笑）。

「孤独はよくないよ！」とか「友達って多いほうがいいよ！」とかは全く思わない

んだよね。孤独から生まれるものとか、1人の時間で感じられることってたくさんあるから。

そういうことはポインティにはできないし向いてないけど、できないからこそ、そういう人が気分転換したいときにアシストできる存在であれたら嬉しいな〜って思ってる。

#6

その他

【お悩み46】

1人暮らしです。たまに「自炊したもの食べたくな～い」って時があります。外食じゃなくて、誰かが作ってくれたご飯じゃないと満たされないよ～って気持ちになります。ポイさんは1人暮らしを始めてからそういう気持ちになることありますか？　1人飯ライフハックをたくさん知っているポイさんに、どうか自分だけで解決できる方法、一緒に考えてほしいです！（がっ　27歳女性）

【ポインティの回答】

君だけの「小松」を見つけよう

なるほどねえ〜っ！　珍しい欲求だね！

自分が作ったものは食べたくなくて、でも外食じゃなくて、誰かが作ってくれたご飯がいいんだ。そんな欲求があるのか〜〜〜。


ポインティの友達に「とにかく料理を人に食わせたい」っていう人が3人いる。

その人たちはたまに、自分の行きつけのバーで1日店長をやって手作りご飯を出したりしてるよ。あと「ふるさと納税でカツオが届いたから、うちでご飯食べませんか？」とか「作りすぎちゃったから食べに来る人いるー？」って、インスタで友達全体に募集したりしてるのよ。

こんな感じでさ、**とにかく作りたいけど、1人でめっちゃ食いたいわけじゃなくて、誰かに作ってあげたい！　食べてほしい！　って人、実はいるの。**

「がつ」の「誰かが作ったもの食べたいよ〜！」っていう欲求と反対に、ポインティの友達が言ってた「誰か、私が作ったの食べてくんないかな〜！」っていう欲求もある。**つまり、グルメ漫画『トリコ』のトリコと小松の関係だね。**

これで言うと「がつ」はトリコだから、小松を探したほうがいいわけ。……『トリコ』を知らない人のために言うと、小松っていうのはシェフで、トリコっていうのはグルメハンター。自ら狩猟して、めっちゃ食べる人。ほんとざっくりな説明だけど（笑）。

「がつ」の友達にも、いると思うんだよね。小松が。だからそういう人を見つけて、

「いやもう食材費払う」「なんなら2人前も食べちゃう」みたいなスタンスで行こうよ。ただね、「作ってほしいんだ」って言ったら「えぇ〜〜っ（引）」って言うような人はだめ。見極めが大事。**「実はさ……、バカでかい鍋、使いたかったんよね」みたいな人いるから！**

だから、「がつ」はそういう人を見つけてご飯を作ってもらったら、お返しとしてその人の好物を奢ったりしてあげよう。**これいわば、欲求の交換だよね。**

まあ、ポインティは小松でもトリコでもないから、外食も自炊も好きなんだけどね（笑）。まずは身近な友達に聞いてみて！**お互いの欲求がマッチするメシ友**を見つけられるといいね。

【お悩み47】

ポインティさんこんにちは。私は会社員をしながらアマチュアで小説を書いています。きっかけはラジオにメール投稿をよくしていて、私の書く文章が短編小説みたいと褒められて気をよくしたからです。ここ4年ほど、年に2作くらい書いてコンテストに送っていますが、未だに一次選考も通りません。どうしたら面白い小説を書けるようになると思いますか？（ポイズンプリン　38歳女性）

「作り方から作る」ことを考えてみてもいいかも

ポインティは面白い小説を書いてるわけじゃないけど、新卒で就職したのが漫画の編集者っていうお仕事だったから、物語を作ることにちょっと興味あるというかね。アマチュアながらお答えさせていただくと……。

まず大前提として、**「面白い小説とは何か？」っていう素晴らしい問いに「ポイズンプリン」はたどり着いている！　しかも年に2作くらい書いてるわけじゃん。書き切ってるわけじゃん。**そこがすごいよね！　そしてそれを超えて、「どうしたら面白い小説を書けるのか」「じゃあその面白い小説って何か」ってことに悩んでるんだね。

多分それらの問いは、「面白い」と「小説」の2つに分けられると思う。

まずは「面白いってなんだろう」を考えるとしたら、これおそらく真理なんだけど、すでにみんなが知ってる**「既知の要素」と「未知の要素」の掛け合わせ、なんだと思う。**これはよく〝面白い〟の定義みたいなものとして言われてるよね。たとえばヤンキー漫画。読んだことあるよね？　**でも、それがタイムリープすると……？**　あっ！『東京卍リベンジャーズ』だ！　みたいな（笑）。

他にも、作品のテーマとして学校生活や寮生活みたいなイメージがあるとする。家はつまんなくて、学校がワクワクする場所って感じ。怖い先生とか優しい先生とか、色んな友達、先輩がいる設定はみんなよく知ってるじゃん。**それが魔法学校だと……おもしれぇ〜〜〜！**　**っていうね**（笑）。

つまりは掛け算だよね。

既知の要素と未知の要素の掛け算を、人は

面白いと思うんだよ。そこで、「ポイズンプリン」が書いている小説は文章のみで成立させる物語だから、キャラ、舞台、展開をどう掛け合わせていこうかな、人が気になる掛け合わせはないかな、ってことを考える必要があるよね。

じゃあ、それをどう生むか。「発想法」について考えてみたいんだけど……。佐藤究(さとうきわむ)っていう小説家がいてね、『テスカトリポカ』で直木賞受賞したのね。**ポインティは佐藤究古参ファンとして言わしてもらうと直木賞を獲る前から作品が大好きで全部読んでるし最新作も読んでる（早口）。**「どうしたらこんな掛け算とか、アイデアの発想ができるんだろう？」って気になるくらいに面白すぎる。

あるインタビュー記事で佐藤究が話してたんだけど、彼は取材したり、資料を集めてコピーしたり、新聞を切り抜いたりしたら、スケッチブックみたいなものにいっぱい貼っていくんだって。で、それを光に透かしてみたり、バラバラバラーってめくって見たりすると、「これとこれの要素は繋がる気がする」とか「これの掛け算は面白そうだぞ」って思い浮かぶんだってさ。**まずは1度きっちりと取材して、それをあえてランダムに繋げたり、無意識的に連結させる。**いわば「ゲシュタルト崩壊」みたいな感じなんだって。

佐藤究は色々と貼り付けたものを**「ゲシュタルトブック」**って呼んでた。「か、かっけぇ〜〜!!」って思うよね（笑）。作家に創作の秘訣を聞いた時にさ、「ゲシュタルトブック」って答えてきたら……、そりゃめっちゃ面白そうやん（笑）。

あと素晴らしいなって思ったのが、スティーヴン・キングの物語のつくり方。伝説的ホラー作家で『IT』とか『シャイニング』とか、あとホラーに限らず『ショーシャンクの空に』とか『グリーンマイル』の原作も書いたり、色んな小説を書いてる有名な作家なんだけどね。**彼はまず一気にバーッて書く。物語を書いて、それを読み直して、そこから「この作品のテーマは●●なんだ」って定めるんだって。**

書いた後に読んでみたら、「これは父と子の関係の話なんだ」ってテーマが見えてきたとするじゃん。そしたら、その後にはテーマに沿った要素を足して、沿ってないものを引いていく。**一通り書いてから、テーマを付与するっていうやり方**なんだって。

ここから言えるのは、「ポイズンプリン」の小説は、もしかしたら「**作り方から作る」必要があるのかもしれないよね。**取材とかもそうだし、友達の話を聞くとか、自分が気になるテーマの昔の本を探る、とかね。**インプットにもアウトプットにもそれぞれやり方があるから、調理方法が面白いと作品自体も面白くなるんじゃないかな**ってね、ポインティは思うよ。

……ちょっと長くなっちゃった！　でも、いいテーマだよね。**面白い小説とは何か。**すごい深遠なテーマを楽しんでいってほしい！

【お悩み48】

自分にお金を使うのがしんどくて使えません。「これは必要なんだって」って言い聞かせても、「お前なんかにいらないだろう」って思う自分と戦わなきゃいけないのに疲れて、結局買い物もできない自分にまた自己嫌悪しちゃって、お金使えなくて……。美味しいもの食べたい！（泣）

（林檎雨　22歳女性）

【ポインティの回答】

お金なんて？　紙切れ♪　紙切れ♪

え〜〜〜〜大変じゃゃん、ねえ！　**自分の中の声が大きいみたいだね。**「お前なんかにいらないだろう」って自分自身に言われるんだ。でもそれは、**過去に誰かに言われたことや踏みにじられたことが残響して、リフレインしてるんだと思う。**

そういうのってやっぱり、時間をかけないとなかなか違う声には変わっていかないから、**自分の中で他の言説を強めていくしかない。**今、こだましてる言葉に対抗させるためにね。本当は買い物もしたいし、美味しいもの食べたい！　って思ってるんだから。

だから「林檎雨」には、このラジオを何度も聞いてリフレインさせてほしいんだけどぉ………。

「稼いだら使っちゃおうよ!!」。このフレーズを思い出してください。

稼いだら？　使っちゃえ♪　使っちゃえ♪
お金なんて？　紙切れ♪　紙切れ♪
みんながお金の価値を信じてるだけ♪
何かに変えてかないと？　意味ない♪　意味ない♪
意味ないっ♪　意味ないっ♪　意味ないっ♪
つーかっちゃえっ♪　つーかっちゃえっ♪（リズミカルに手拍子をしながら）

……って何度も自分に言い聞かせてみて。**ハハハハハ（笑）**。

今とは違う声を反響させていくのがいいよ。

今、天使と悪魔で言うなら悪魔側が強すぎちゃって、もう魔王みたいになっちゃってるから！ **強めの大天使つけちゃお！**

【お悩み49】

こんにちは。私は最近転職をしました。以前の職場より休日が多く取れて、勤務時間も減ったので自由に使える時間が増えました。しかし、今まで働いてばかりだったからか、休日でもその自由な時間で何をすればいいかわからなくなってしまいます。貯金がたくさん貯まっているわけでもなく、副業は禁止されています。ポインティおすすめの、お金を使わない休日の過ごし方ありますか？（ガムテープ　24歳女性）

【ポインティの回答】

市民プールからの図書館、最高！

休日に何をすればいいのかわからない。貯金はそんなに使いたくない。副業も禁止されている。……と言ったらやっぱり、**ポインティのラジオでもたくさんおすすめしている「読書」。やっぱり読書はいいよ。**安いのにめちゃくちゃ時間使うからね。

千円とかそこらで買った本でもスキマ時間にちょこちょこ読んだら、1週間とかかかるよ。もっとかかったりもする。

休日の12時から19時の7時間、1時間休憩を入れて6時間使うとしたら、1冊1

200円とかでこの6時間を埋めてくれるわけよ。で、しかも本は面白い……というね。よりお金を使わないようにするんだったら、**図書館がおすすめ。**本がめちゃくちゃたくさんある図書館に行くのがいいよ！

「ガムテープ」が好きかはわかんないけど、**もっともっとおすすめなのは「市民プール」。**市民プール行った後に図書館。最高！　市民プールって本当に安いからね。

券売機でチケット買うだけでオーケー。水泳も気持ちいいし。ちょっと疲れたな～ってなったら図書館に行って、本読んで、うっかり寝ちゃったりして。うとうとしながら本読んで、また起きて、読み切れなかったな～ってなったら借りてさ。家で飲み物なんか用意して、また読むという……。

い～い休日じゃな～～～い。全っ然、お金かかってないよ！

楽しいよ〜！　泳ぎ方工夫したりとかさ、自分が気になるテーマの本探したりとか、友達のおすすめも聞いちゃったりしてさ。……あ、なるべく仕事に関連しない本のほうがいいよ。働いてばかりだったんだからね。それぐらいの楽しみ必要だよ！

【お悩み50】

これまで親や周囲からの言葉の影響で着たい服を着ることができませんでした。今年から頑張って着たい服を着るぞ！　と思っているのですが、いざ買う場面になると、本当に必要なのか、買いすぎじゃないのかなど、何をどのくらい買ったらいいのかわからなくて買えません。買いたいだけ買う、ではいけない気がしますし。ポインティさん、どうやって服を選んで買っているのか教えてほしいです。よろしくお願いします。

（ふーふー　26歳女性）

【ポインティの回答】

「服好きな友達」のセンスを借りよう

ポインティはね、まず「**メルカリ**」。

メルカリとか、「**SUZURI**」**っていうTシャツを作れるサイト**があるんだけど、そういうところで買うことが多い。特定のブランドとか、服屋さんとかはあんまりないいんだよね。

あとは、「このブランドの服は似合うかな〜」みたいなのはあるかな。アディダスとか、ナイキとか。……うーん、スポーツガキになっちゃってる(笑)。強いて言うなら、ブランドはそんなところかな。**Tシャツは結構バイブスでやっちゃってる。**

ポインティは別にさ、この色とこの色がマッチするかな？　とか、この組み合わせで着るとやばすぎないか？　みたいなことを判断するのが、得意なわけではないのね。

じゃあどうするかって言ったら、……**「服好きな友達」ですよ。**いるんですよ、服買うのが好きな友達とか、服が多すぎて部屋がパンパンになってる友達。**こういう人たちはね、人の服を選ぶのも意外と好きなのよ！**「あー、これいいじゃん！」「これとこれで、こう合うね」みたいな。そういうのをね、人の服でもやんのよ。**人の服でも選べるの楽しいわ〜みたいな人、いんのよ〜！**

「ふーふー」の周りにも、もしかしたらいるかもしれない！　**一緒に買い物行くとか、ネットで見ながら「これって似合うかな？」みたいな相談してみよ！　それで、**

「自分の殻を打ち破りたいんだよね！」って伝えるとよさそうだよね。
とは言え、ポインティ的にはそういう時って、一応友達とは言えども相手の培ってきたセンスとか能力を借りてるわけだから、「代わりに今度ご飯奢るわ！」みたいな感じにしてる。おすすめ！

「よし！　今年から頑張って着たい服着るぞ！」って張り切ってるのは素晴らしいことだからね。その張り切りを手助けしてくれる友達がいるはず！「ランチ奢るからちょっと一緒についてきて」って言ったら、「人の服も選べるのに⁉⁉　ランチも食えんの⁉⁉　最高じゃん!!」みたいな人いるからさ。探してみて～っ！

おわりに

みんな〜〜〜！　ここまでどうだった〜〜〜?!
ポインティはみんなが抱えてる色んなお悩みを聞かせてもらって、面白かったよ！　ドラマとか映画みたいに楽しんじゃった。

ポインティってお気楽でシンプルな人間だからさ、葛藤！とか殺伐！とか苦渋！みたいなシーンが少なくて……。単調なのよ（笑）。だからこそ、悩んでる人も孤独な人もとっても好き。マラソン中継に映る「汗流して走るランナーを応援してる、楽しそうな人」みたいな感じで、ポインティには無い部分を持ってる人のことを応援してるし、もし疲れたら「おいで、おいで〜！　ポインティのとこで休みな〜！」って思ってる！

だからこれからも、ポッドキャスト番組「佐伯ポインティの生き放題ラジオ！」に、どしどしお悩み待ってるね！　お気楽なテンションはポインティが担当するから、安心してしっかり悩んで生きちゃって！

どんなに小さな事柄でも、それはその人にとっては真剣な問題。「こんなことで悩んでる自分なんて……！」って感じる時もあるかもしれないけど、悩んでるってことは、それだけ一生懸命だってことだよね。だから、そんな自分を否定しないであげてね。

この本が、読んでくれたあなたの心の温度を少しでも、じんわ〜りと上げられたなら、ポインティなりに包み込めたってことで！

最後までありがとう〜〜！　またね〜〜〜〜〜〜〜〜〜！

2024年12月

佐伯ポインティ

佐伯ポインティ（さえき・ぽいんてぃ）

マルチタレント。1993年生まれ、東京都出身。早稲田大学文化構想学部卒業後、株式会社コルクに漫画編集者として入社。2017年に独立し、猥談系YouTuberとして活動をスタート。18年には日本初の完全会員制「猥談バー」をオープンした（現在は閉店）。24年7月からは「佐伯ポインティの生き放題ラジオ!」をポッドキャストで配信中。Spotifyの日本デイリーチャートでは最高順位1位を獲得。趣味はガチャポン、特技はおしゃべり、チャームポイントは大笑顔。

●ポッドキャスト

「佐伯ポインティの生き放題ラジオ!」

・Spotify

・Apple podcast

Fin

Photo by Megumi Omori

おいでよ　ポインティの相談天国

令和７年１月10日　初版第１刷発行

著者：佐伯 ポインティ

発行者：辻 浩明
発行：祥伝社
〒101-8701　東京都千代田区神田神保町3-3
03（3265）2081（販売）
03（3265）1084（編集）
03（3265）3622（製作）

印刷：萩原印刷

製本：積信堂

ISBN 978-4-396-61831-5　C0095　©2025,Pointy Saeki
Printed in Japan
祥伝社のホームページ　www.shodensha.co.jp